易学与数学奥林匹克

《数学中的小问题大定理》丛书（第六辑）

欧阳维诚 著

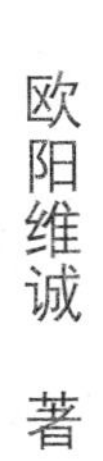

◎《周易》对中国古代数学的影响

◎易卦与现代数学的联系

◎易卦与数学奥林匹克解题思想

◎易卦与奇偶性分析

◎用易卦思想解数学奥林匹克试题100例

HITP

哈爾濱工業大學出版社
HARBIN INSTITUTE OF TECHNOLOGY PRESS

内容提要

《周易》这部神奇的著作从诞生之日起就与数学结下不解之缘。本书利用《周易》中的思想和符号解答了100个数学奥林匹克试题，并同时论述了《周易》对中国古代数学的产生和发展的影响，易卦与现代数学的联系及易卦与数学奥林匹克解题思想。

本书适合中学师生，数学竞赛选手及广大数学爱好者阅读和学习。

图书在版编目(CIP)数据

易学与数学奥林匹克/欧阳维诚著. —哈尔滨：哈尔滨工业大学出版社，2014.10

ISBN 978-7-5603-4963-3

Ⅰ.①易… Ⅱ.①欧… Ⅲ.①《周易》-关系-数学-研究-中国 Ⅳ.①O112②B221.5

中国版本图书馆CIP数据核字(2014)第237203号

策划编辑 刘培杰 张永芹
责任编辑 张永芹 李 欣
封面设计 孙茵艾
出版发行 哈尔滨工业大学出版社
社　　址 哈尔滨市南岗区复华四道街10号 邮编150006
传　　真 0451-86414749
网　　址 http://hitpress.hit.edu.cn
印　　刷 哈尔滨市石桥印务有限公司
开　　本 787mm×960mm 1/16 印张15.5 字数174千字
版　　次 2014年10月第1版 2014年10月第1次印刷
书　　号 ISBN 978-7-5603-4963-3
定　　价 38.00元

内容提要

《周易》这部奇书诞生之时即与数学结下不解之缘.在近年来易学与科学关系讨论中,易学与数学的关系是其中最基础而又典型的课题.

国际数学奥林匹克是当今世界上规模最大和影响最大的国际中学生学科竞赛活动.利用《周易》中的思想和符号,真的能解答现代化的数学奥林匹克试题吗?本书用易卦思想解答了100个数学奥林匹克试题,回答了这一富有挑战性和趣味性的问题.

本书还论述《周易》对中国古代数学的产生和发展的影响,易卦与现代数学的联系及易卦与数学奥林匹克解题思想.

本书对易学与数学奥林匹克这一古代智慧与现代科学的关系的探讨,对于古代文化与现代科学的普及传播具有特殊意义.

作者简介

欧阳维诚，男，1935 年 10 月生，湖南宁远县人，1960 年毕业于湖南师范大学数学系.曾在大、中学校任教，现为湖南教育出版社编审，中国数学奥林匹克高级教练.著有《周易新解》、《周易的数学原理》、《数学奥林匹克的理论、方法和技巧》、《文学中的数学》、《数学——科学与人文的共同基因》、《寓言与数学》、《唐诗与数学》等书.

引论(代前言)

《周易》这部神奇的著作,从它诞生之日起就与数学有着不解之缘.所以,在近年来关于易学与科学关系的讨论中,涉及得最多的大概是易学与数学的关系.毋庸讳言,在《周易》的《经》、《传》中不大可能包含现代科学的论述或预见,把《周易》与数学做肤浅的类比,把《周易》无限地神秘化的作法本身就是不科学的.不过,我们也必须看到,《周易》与数学在以下几个方面的确有着密切的联系:

1.《周易》对中国古代数学产生过重大影响

中国古代数学家大抵都认为《周易》是中国古代数学思想的源泉.如著名数学家刘徽在为《九章算术》作注时的序言中写道:“昔在包牺氏始画八卦,以通神明之德,以类万物之情,作九九之术以合六爻之变.”他就认为,“九九之术”(即数学)是圣人为了合“六爻之变”(即《周易》)而作的.他还说:“徽幼习九章,长再详览,观阴阳之割裂,总算术之根源,探赜之暇,遂悟其意.”他认为数学的根源在于阴阳的割裂,《周易》中的阴阳变化是研究数学的基础.

另一位著名数学家秦九韶(1202—1261)也认为数学的产生“爰自河图洛书”.他发明了一次同余式组的解法,那是数学史上一项重要的成果.国际上称它为“中国剩余定理”,而秦九韶却认为它是《周易》的产物,因而称它为“大衍求一术”.

2.《周易》经传中蕴含有现代数学问题

《周易》经传本身虽然没有讨论数学的内容,但这并不排斥其中蕴含有现代数学问题.例如,揲蓍成卦的方法,那一套程序就与现代数学密切相关.它不仅涉及数论中的同余式,而且涉及概率分布的合理运用.又如《系辞》说:“方以类聚,物以群分.”这里所说的群未必包含了现代数学中群的概念,也不涉及用群来分类的理论(在现代科学中,群是许多事物分类的标准),但是,无论是通行本卦序,还是帛书卦序或京房卦序,其中都有许多“合群”的例子.河图洛书虽然只是简单的纵横图,但由此可导出高阶幻方的研究,那是组合学中一个重要而困难的课题,等等.

这种情况是不足为怪的.例如,用瓷砖铺地形成各种对称图案,它们都是由一个基本图案通过不同方式的延展和重复而形成的,把重复的方式当作元素,这些元素构成一种变换群,称为平面对称群.直到19世纪末期,数学家才证明,用群来分类,标准形式的对称图案只有17种.但早在13世纪以前,当数学家还没有建立群的概念的时候,在西班牙的阿尔汗布拉宫就把其中11种群表示的图案都用上了.另外6个,也很早就出现在非洲的巴库巴与贝宁部族的编织物或陶器以及中国古代的一件工艺品上.不仅是人,即使是动植物的某些现象,也严格地服从数学的原理.例如蜂巢都是六角形的，数学上可以证明，在原料一定的前提下，这种形状的巢容积最大．某些植物的叶片在茎上的排列方式，与数学上的著名的斐波那契数列有关．因此，古老的《周易》中虽然没有明确的现代数学概念，但却可能隐含着某些现代数学的内容．不同的只是，今天的人自觉地运用数学，古人不自觉地涉及或遵循数学而已．

3. 易卦的符号系统可用以建构现代数学

现代数学研究抽象的运算和结构．易卦作为一种符号系统，是一个良好的代数结构，从易卦符号系统出发，可以建立现代数学的许多重要内容．例如，易卦的符号系统可以作为建立诸如二进制数、布尔向量、集合论、组合论、概率论、图论等现代数学分支的合适的符号或对象．在本书第 2 章中还要对这个问题做稍为详细的论述．

4. 易学研究可借助现代数学方法

数学方法对社会科学研究的渗透，推动了社会科学研究的现代化，也有可能促进易学研究的现代化．易学研究中有许多只涉及卦画而较少地涉及义理的课题，就可以把周易思维通过易卦来表述，易卦又可转化为数学形式，于是就可以借助于数理统计、概率分析、矩阵方法、模糊数学等数学工具对所研究的问题进行数学分析，帮助做出正确的结论．

5. 以易卦的符号为工具可以解决某些数学问题

如前所述，利用易卦符号系统可以构建某些现代数学（主要是离散数学）的内容，自然也就可以用易卦符号系统为工具，以它所能构建的数学内容为基础，解答某些特殊的数学问题．特别值得一提的是，以《周易》的阴阳对立思想为指导，以易卦符号系统为工具，可以解答许多数学奥林匹克试题.

国际数学奥林匹克(International Mathematical Olympiad 简称 IMO)是当今世界上规模最大和影响最大的国际中学生学科竞赛活动.如果说体育奥林匹克是人类体能的大赛,那么数学奥林匹克则是中学生智能的大赛.IMO 竞赛自 1959 年在罗马尼亚开展以来,已经进行了 40 多届.为了准备这一年一度的大赛,各国还要举行一些选拔赛、热身赛等等.各级数学奥林匹克(特别是 IMO)的试题一般地说是很难的.

利用古老的《周易》中的思想和符号,真的能解答现代化的数学奥林匹克试题吗?这是一个富有挑战性和趣味性的问题.

要回答这个问题,正是作者写作此书的原因.

1997 年全国高中数学联赛的命题工作由湖南省数学学会承担,笔者有幸参加了命题工作.在那山花似火、江水如蓝的岳麓山下,来自全国各地的数学奥林匹克专家们正在紧张地讨论备选试题.南开大学的黄玉民教授在会上提出了一个供选用的试题:

"有一个剧团计划下乡为农民连续演出两个月,他们准备了一批节目,要求每天演出的节目安排做到:

(1)每天至少要上演一个节目;

(2)任何两天上演的节目不能完全相同(可以有一部分相同);

(3)因为人员有限,不能在一天内上演全部节目.

请问:这个剧团最少要准备多少节目,才能保证完成上述计划?"

黄教授的问题一提出,在座的人都觉得很新鲜,怎样来解答这道题目,有人一时还没有反应过来.事后,我突然想到，如果利用易卦的思想，是很容易解答这道问题的．问题的答案是最少要准备 6 个节目．我们不妨把 6 个节目依次编号为①，②，③，④，⑤，⑥，把每天的节目单与易卦联系起来．如果这天上演第 i 个节目，我们就将易卦的第 i 爻取阳爻，如果这天不上演第 j 个节目，就将易卦的第 j 爻取阴爻．于是，每天的节目单就对应一个易卦．例如，颐卦䷚第一爻和第六爻（由下往上数）是阳爻，其余的第二、第三、第四、第五爻是阴爻，就表示今天上演节目①和⑥，其余的②，③，④，⑤四个节目不上演．

由于易卦共有 64 卦，它们彼此不同，除了坤卦䷁（相当于一个节目都不上演）和乾卦䷀（相当于 6 个节目都上演）之外，其余的 62 卦，每一卦都可作为一天的节目单，两个月最多也只有 62 天，所以有 6 个节目就足够了．但很明显，少于 6 个节目是不够的．所以，本题的答案是最少要 6 个节目．

在这个问题的启示之下，笔者写了一篇文章，题目叫作“易卦与趣味数学”，文中选择了一批趣味数学问题，用易卦的方法给予解答，发表于 1998 年第一期的《周易研究》上．

后来作者与中国科学院自然科学史研究所的董光璧教授在交流中谈到了用易卦思想可解一些数学题，特别是可解一些数学奥林匹克试题，董先生当即提示我：是否可以写一本《易学与数学奥林匹克》的书．董教授本人在 10 多年前就出版过《易图的数学结构》一书，对易卦与数学的关系做过深刻的论述，曾给作者以很大的启示．今天又是在董教授的启示之下，作者才有了写作本书的计划，挑选了国内外历年数学奥林匹克试题中的100个问题，用易卦思想方法给出了严格的解答.

为什么利用古老的易卦符号能解决现代化的数学奥林匹克试题呢？说来也不奇怪.因为前面提到过，利用易卦符号系统可以建立二进制数及许多离散数学的内容，这些数学的基础部分正是当今各级数学奥林匹克命题的热点.并且，数学奥林匹克试题中，还有很大一部分是所谓“智力型问题”，这类问题一般不需要太多的具体数学预备知识，也不涉及太多的数学运算，但却需要某种深刻的数学思想，找到了这个思想，问题一点就破，这正是所谓奥林匹克数学的特征.对于这类问题，有些是可以用阴阳对立等思想来解决的，并且由于有易卦图形的直观帮助，有时甚至比使用现代数学工具还要简便一些.

但必须指出的是，我们说利用易卦可以解某些数学奥林匹克试题，并不是说可以解所有的奥林匹克试题，也不是说那些问题只能用易卦的思想才能解决，更不是说，易卦中的思想比现代数学更高明，像某些易学家所说的那样.

当然也必须指出的是，如果认为本书中列举的那些数学奥林匹克试题，既然可以用现代数学的方法来解，用易卦思想去解，只不过是把现代数学的语言“翻译”为易卦的语言而已，因此没有什么实际的意义.这种观点也是不正确的.本来数学证明从某种意义上讲就是同义反复.现代数学的一些语言，既然可以“翻译”为易卦的语言，反过来就说明了易卦中的确蕴含了某些现代数学的思想.

谈到《周易》与自然科学思想的关系，学术界有两种截然相反的意见.有的人认为,“近现代一些重大的自然科学的进展,都与《周易》的思想有密切关系,如新型电脑的软硬件改进,生物遗传密码研究的进展,特别是现代混沌理论的产生,耗散结构的问世,都受到《周易》思想的启示.”①也有人认为,“歌颂《周易》重要性者太多,真能说出其所以然者太少,尤其是讲《周易》与西洋近现代的自然科学相符合者,都未能提出很可靠的具体证据.”②我们当然不能盲目附和第一种意见,那是言过其实的夸张;也不能完全赞同第二种意见.本书的写作大概可以算得上一个小小的“可靠的具体证据”,因为在本书中用易卦思想解答的100个数学奥林匹克试题,都是国内外历年采用了的正式数学奥林匹克试题,都是真枪实弹的东西.

本书的内容共分4章,除其中第4章是用易卦思想解答100道数学奥林匹克试题外,第2章和第3章分别论述易卦与现代数学的联系及易卦与数学奥林匹克解题思想,这3章都是与数学奥林匹克直接有关的课题.此外,还专门在第1章论述《周易》对中国古代数学的产生和发展的影响,它与本书的重点解奥赛题似乎没有直接的联系,但它有助于我们了解《周易》与中国古代数学的关系,从而也有助于理解我们今天利用易卦思想解奥赛题的思维承袭关系.

---

① 刘书民.推翻传统偏见,恢复《周易》真貌.文汇报,1989-06-05.

② 蔡尚思.周易要论.长沙:湖南教育出版社,1991:1.

目录

第1章

《周易》对中国古代数学的影响

李约瑟博士在20世纪30年代末期酝酿写作《中国科学技术史》时提出了一个发人深思的问题:"中国古代有杰出的科学成就,何以近代科学却崛起于西方而不是在中国?"这就是著名的所谓"李约瑟之谜".

这个问题触及了中国人民的伤心之处,不少学者对它进行过热烈的讨论,见仁见智,众说纷纭.作者认为,其中有一个不容忽视的原因,就是《周易》对中国古代科技(特别是数学)的影响.

第1节 模式——《周易》的精髓

《周易》是一部什么样的书?《系辞下传》说:"昔者包牺氏之王天下也,仰则观象于天,俯则观法于地,观鸟兽之文与地之宜,近取诸身,远取诸物,于是始作八卦,以通神明之德,以类万物之情."这说明了,伏羲所作的卦,是通过对天地间一切事物的观察,从各种不同的方面抽象出来的一种“类万物”的综合性的模式.《系辞上传》说:“圣人有以见天下之赜,而拟诸其形容,象其物宜,是故谓之象.圣人有以见天下之动而观其会通,以行其典礼,系辞焉而断其吉凶,是故谓之爻.”这是说,圣人看到了天下事物的复杂性,便模拟天下万物的形象,抽象之而成为卦象.圣人看到天下事物的变化,乃于错综复杂的变化中,体会出其融会贯通的道理,当作处理事物的规律,并用文字记录帮助人们趋吉避凶,这些文字称为爻辞.所以,卦爻都是一种处理事物的模式.东汉经学家郑玄将其概括为:“《易》一名而含三义:易简,一也;变易,二也;不易,三也.”这就是说,《易》提出了宇宙人生、万事万物的一种简化了的模式(易简),通过模式以帮助人们了解事物变化的规律(变易),研究其中不变的原理(不易),从而解决各种疑难问题.

古人把《周易》的模式看得极为重要,认为掌握了这个模式,天下所有的道理都掌握了,掌握了天下的道理,成功也就在其中了(“易简而天下之理得矣;天下之理得,而成位乎其中矣.”——《系辞上传》).《周易》是开启智慧,成就事业,包括天下一切道理的模式,圣人可以凭借它来了解天下的动态,奠定天下的事业,判断天下的疑问(“夫易何为者也?夫易开物成务,冒天下之道,如斯而已者也.是故,圣人以通天下之志,以定天下之业,以断天下之疑.”——《系辞上传》).

古人不仅认为易的模式极为重要,还认为人类时时刻刻都在从不同的角度使用这一模式,只是不自觉而已(“仁者见之谓之仁,智者见之谓之智,百姓日用而不知,故君子之道鲜矣!”——《系辞上传》)更有甚者,

古人还认为天下一切事物，虽然变化无穷，但都不能超越易的模式；人的思维方法，虽然千差万别，但都统一于易的模式（“范围天地之化而不过，曲成万物而不遗.”——《系辞上传》；“天下何思何虑，天下同归而殊途，一致而百虑，天下何思何虑?”——《系辞下传》）.

综上所述，古人曾经把易卦当作一种万能的模式，有“范围天地”、“曲成万物”的作用，有“万方一致”、“天下同归”的威力. 我们今天用科学的眼光来考察《周易》，当然不能盲目照搬古人的论点，但是仍然不得不承认，《周易》的确是为人们提供一种思维模式的书.

德国数学家莱布尼兹（Leibniz，1646—1716）曾惊奇地发现，他发明的二进数与易卦具有同构关系. 其实，易卦作为一种抽象的符号系统，不仅与二进数具有同构关系，而且可以从它出发构建起现代数学的许多内容，其中最值得注意的是易卦与布尔向量的关系. 布尔向量是现代数学中一种重要的概念，它被广泛地采用为描述具有若干因素，而且每种因素都有两种对立状态的事物的数学模型. 若干布尔向量排在一起就构成布尔矩阵（也称 0—1 矩阵），布尔矩阵是现代决策理论中常用的重要数学工具. 如果我们把一个易卦的爻与布尔向量的分量对应，阳爻与 1 对应，阴爻与 0 对应，则易卦与布尔向量也具有同构关系. 几个易卦并列一起就成为布尔矩阵. 换言之，从某种意义上讲，易卦与布尔向量可以看成是二而一的东西. 既然布尔向量可以作为今天人们决策中的数学模型，与之同构的易卦也就有可能是古人思维决策的数学模型. 因此，笔者曾经提出了这样一个论点：“易卦是古人思维决策的数学模型","卦爻辞是解释决策模型的例题."[1]因之,《周易》是一部由思维决策的模式与解释模式的例题结集而成的书.

第 2 节　模式化——中国古代数学发展的道路

古代数学思想分为两大体系,一个是以欧几里得的《几何原本》为代表的西方数学思想体系,这个体系以抽象化的内容,公理化的方法,封闭的演绎体系为其特色.另一个则是以中国的《九章算术》为代表的东方数学思想体系,这个体系以算法化的内容,模式化的方法,开放的归纳体系为其特色.

中国古代数学走上了模式化发展的道路,由于数学本身的特点,这种模式化的思想就集中表现为算法化的思想.所以,我们可以把中国古代数学发展的道路简单地概括为:方法的模式化和内容的算法化.

至于中国古代数学算法化的思想则大体表现如下:

第一步　把实际中提出的各种问题转化为数学模型;

第二步　把各种数学模型转化为代数方程;

第三步　把代数方程转化为一种程序化的算法;

第四步　设计(包括以后的逐步改进)、归纳、推导(寓推理于算法之中)出各种算法;

第五步　通过计算回溯逐步达到解决原来的问题.

可用框图表示如下:

---

① 欧阳维诚.周易新解.长沙:岳麓书社,1990.

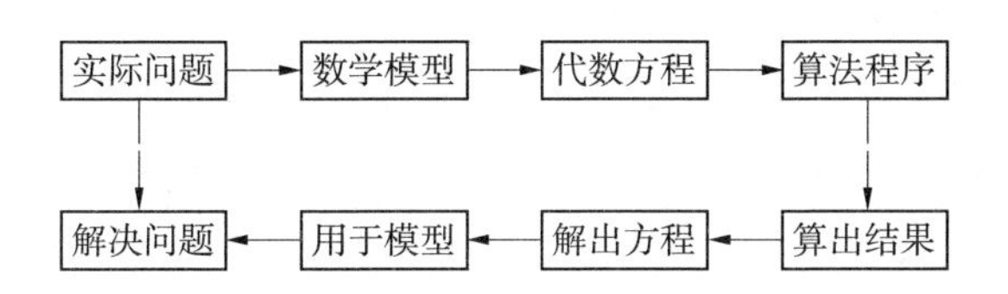

这种模式化方法表现出下列特点：

1. 开放的归纳体系

由于中国古代数学是把当时社会实践中所需要解决的问题分门别类，提炼出若干数学模型，然后对每一种模型给出算法，所以这是一种从个别到一般的归纳体系. 由于社会不断地发展，社会实践必然会提出需要解决的新问题. 因此，为了解决这些问题，必然要提出新的模型，研究出新的算法，所以这是一种开放的体系. 由于这种体系不是一种逻辑体系，内容不是依次向前推进的，因而与原有内容跳跃的、无关的、甚至荒唐的内容都可能随时加进来. 如刘徽在《九章算术》注里提出的与前后内容都脱节的极限思想方法，《孙子算经》中还有纯属迷信术数的推断生男生女的问题等.

2. 寓理于算的表述方式

中国古代数学强调的目标是得到好的算法，因而对得到这些算法的推理过程就被大量省略，以致被人误认为中国古代数学全凭经验而不重推理. 这种看法是站不住脚的. 中国古算经中的那些算法是那样的准确、复杂、抽象，没有严密的推理过程是不可能凭经验就能归纳出来的. 例如，我们将在后面说到的《周髀算经》中关于勾股定理的证明，其推理之严密，思路的巧妙，与我们今天见到的数以百计的古今中外关于勾股定理的证明相比，毫无逊色，没有严谨的推理是做不到的.又例如《九章算术》中关于约分的“更相减损”原理:“可半者半之,不可半者,副置分母、子之数,以少减多,更相减损,求其等也,以等数约之.”在这个约分术中,虽然没有提出“辗转相除”、“最大公约数”等一般概念,但“更相减损”实际上就是“辗转相除”,“等”就是“最大公约数”,不可能有歧义的理解.即使在今天,也没有比《九章算术》的约分术更好的、有本质区别的约分方法.没有相对严谨的逻辑推理过程是不可能做到这一步的.

3.构造性与机械化的特色

以模式化为其发展道路的中国古代数学的最大特色是构造性和机械化.吴文俊教授曾经指出:“就本文所拟讨论的《数书九章》来说,不妨把构造性与机械化的数学看作是可以直接施用之于现代计算机的数学.我国古代数学,总的说来就是这样一种数学,构造性与机械化是其两大特色,算筹算盘,即是当时使用的没有存储器的计算机.”①

最早为数学提出的构造性与机械化的典型范例是《周易》中“揲蓍成卦”的方法:“大衍之数五十,其用四十有九.分而为二以象两,挂一以象三,揲之以四以象四时,归奇于扐以象闰……是故,四营而成易,十有八变而成卦……”.这是一个典型的机械化程序.有些人对“大衍之数”为什么是50,实际用的为什么又只是49,觉得难以理解.事实上,揲蓍成卦这一套算法程序,与现代数学密切相关,按照人们通常的要求,占筮既然

① 吴文俊.从《数书九章》看中国传统数学的构造性与机械化特色;秦九韶与《数书九章》.北京:北京师范大学出版社,1987:75.

是为了预卜吉凶的，从吉凶互见、祸福相依的观点来看，不管采用什么方法，所得筮数形成的卦应该满足以下原则：

(1)随机原理 所得的卦应该是随机的，不应该一成不变，即所谓“阴阳不测之谓神”.

(2)等概率原理 64 卦每卦出现的机会应该相等，即阳爻与阴爻以相等的概率出现.

(3)变爻原理 筮人为了迎合求筮者趋吉避凶的心理，也要为自己的预言留有可变通的余地，就要求有一定的比例出现变爻，而且由阳变阴或由阴变阳的概率也应相等.

(4)最小数原理 在满足上述三原理的前提下，要求使用的蓍草数最少.

可以证明，在满足上述四个原理的前提下，“大衍之数五十，其用四十有九”，就是唯一的最佳选择.[①]其构思的巧妙，计算的精确，没有严密的逻辑推理过程是难以想象的，这再一次说明中国古代数学寓理于算的特色.

第 3 节 《周易》的模式造成了中国古代数学的模式化

伟大的科学家爱因斯坦(Einstein，1879—1955)曾经说过：

“西方科学的发展是以两个伟大的成就为基础，希腊哲学家发明的形式逻辑体系(在欧几里得几何中)，

① 欧阳维诚. 周易的数学原理. 武汉：湖北教育出版社，1993.

以及通过系统的实验发现有可能找出因果关系(在文艺复兴时期).在我看来,中国的贤哲没有走上这两步,那是用不着惊奇的,令人惊奇的倒是这些在中国全部做出来了."①

为什么中国的贤哲没有使中国古代数学走上公理化的道路,而走上了模式化的道路呢?那就是《周易》对中国古代数学形成和发展造成的影响,它造成了中国古代数学的初始状态.以逻辑体系为初始状态发展为西方数学,以模式体系为初始状态则发展为中国古代数学.

《周易》对中国古代数学发展的影响,表现在以下几个方面:

1.中国古代数学家大都精通易学

我国古代本来就没有社会科学与自然科学的分野,古代的士人,从幼年时代所受的教育就是从读经开始.《周易》曾被儒家尊为群经之首,中国古代数学家很早就受到易学思想的熏陶,自觉或不自觉地把《周易》的思维模式带进了对数学的认识和研究之中.

刘徽就认为我国古代数学的发展起源于《周易》:"昔在包牺氏始画八卦,以通神明之德,以类万物之情,作九九之术以合六爻之变.暨于黄帝神而化之,引而伸之,于是建历纪,协律吕,用稽道原,然后两仪四象精微之气可得而效焉."刘徽认为,数学(九九之术)是为了合六爻之变(周易)而建立起来的,黄帝再加以引申和变化,得以用于天文历算,然后《周易》中的"两仪"、"四象"那些精微的思想,逐步在数学中得到体现.他还认

① 爱因斯坦文集(中文版).[出版地不详]:商务印书馆,1983,1:574.

为，指导数学研究的是《周易》的阴阳对立的思想，“一阴一阳之谓道”，也包括数学的原理. 他写道：“徽幼习九章，长再详览，观阴阳之割裂，总算术之根源，探赜之暇，遂悟其意.”这清楚地表明，刘徽认为算术的根源，在于阴阳的裂变，掌握《周易》的阴阳变化的思想是研究数学的基础.

另一位著名数学家赵爽注《周髀算经》时，从一个正方形出发，分割出19个几何命题. 中国古代几何的方圆术正是不断地分割拼补圆与方的图形而推出丰富的几何内容的. 这显然也是受了《周易》的思想影响.《系辞上传》说：“易有太极，是生两仪，两仪生四象，四象生八卦.”世界是一个不断可分的过程.

将中国古代几何的方圆术与欧氏几何比较就可发现：欧氏几何在思想上源于西方的本体论，认为世界是由某种不可分的单位组成，那就是点，由点而生线，由线而生面，这是一种组合过程，在组合过程中不断产生新的图形. 而中国古代几何则源于“天人合一”的本体论哲学，由象征天地之形的圆方不断分裂，产生新的图形，是一个分解过程. 正是刘徽所谓“然后两仪四象精微之气可得而效焉”的具体体现.

另一位数学家秦九韶(1202—1261)也认为数学的产生“爰自河图洛书”，强调“数与道非二本”，他所说的“道”就是《周易》中的“一阴一阳之谓道”的“道”. 他发明了一次同余式组的解法，那是数学史上一项极为重要的成果. 国际上称它为“中国剩余定理”或“孙子定理”，秦九韶却认为它是《周易》的产物，因而称它为“大衍求一术”.“昆仑磅礴，道本虚一. 圣有大衍，微寓于易. 奇余取策，群数皆捐. 衍而究之，探隐知原.”不仅明确肯定“孙子定理”是《周易》的产物，还批评《九章算术》：“其书九章，惟兹弗纪.”

由此可见《周易》思想在中国古代数学家心目中占有何等重要的地位. 它对我国古代数学家世界观和方法论的形成产生了决定性的影响.

2. 中国古代数学著作都在形式上模仿《周易》

我们在前面曾经论述了，《周易》是一部由思维决策方法的例题集结而成的书. 这部书的结构是：一例一卦，说明一种思想，一种方法. 每卦有卦名、卦画、卦辞和爻辞. 我国古代留传下来的数学著作，如著名的《算经十书》，它的写作方式与《周易》极为相似. 中国古代数学著作都是由若干例题组成，一书若干题，每题有答案，答案之后是解题方法的“术”. 将《周易》的卦与《算经》的题相比，可得下面的对应关系

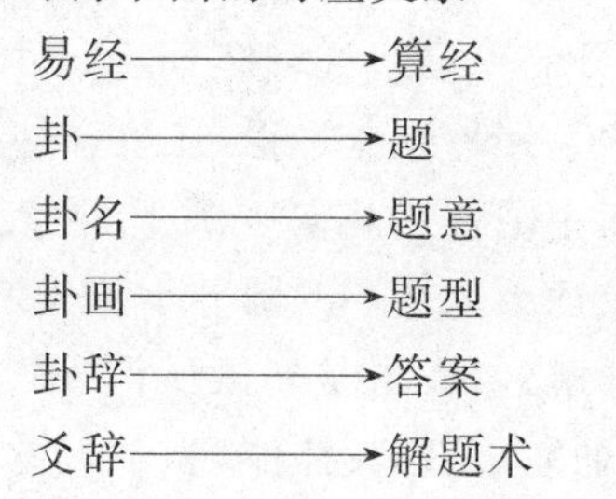

积 64 卦而成《易经》，积若干例题而成《算经》，这种在结构上的极端相似，不可能只是一种偶然的形式上的巧合，而是《周易》对中国古代数学影响深远的一种表现.

中国古代数学著作不仅在形式上模仿《周易》，在写作思想和研究方法上也按照《周易》的思维模式开展. 如刘徽在“观阴阳之割裂，总算术之根源”后，就将其广泛用于对《九章算术》的研究中. 不但在著作中吸

收《周易》的思想，还直接用《周易》的言辞来进行说理.《系辞》说："易有圣人之道四焉：以言者尚其辞……"，而刘徽则强调"析理以辞，解体用图"，"事类相推，各有攸归，故枝条虽分而同本干者，知发其一端而已."所谓"枝条虽分而同本干"也与秦九韶的"数与道非二本"一样，认为数学只是《周易》的分支，他的"析理以辞"的"辞"也是由"以言者尚其辞"的"辞"推移敷衍而来.刘徽在注《九章算术》时正是按这一思想来开展工作的.如：

"探赜索隐，钩深致远"的思想.《系辞》云："探赜索隐，钩深致远，以定天下之吉凶."刘徽注《九章》时则注意发掘、推广《九章算术》中的每一个问题，研究其解题法的形成过程和其所以然的道理，如他加密圆周率的推敲和鳖臑公式的推导等等，正是这种"探赜索隐，钩深致远"精神的体现.

"方以类聚，物以群分"的思想.刘徽在注释中力求使用分类方法，如他以齐同术驾驭诸术即为范例.刘徽多次运用这些观点，如"数同类者无远，数异类者无近.""以行减行，当各从其类.""令出入相补，当各从其类."等等.

"同归殊途，一致百虑"的思想.刘徽多次使用一题多解的办法.如当他说明分母扩大或缩小同样倍数时，分解值不变时写道："虽则异辞，至于为数，亦同归尔".当他用三种方法说明分数乘法得同一结果时则说："言虽异，而计数，则三术同归也."在说明乘除运算与次序无关时说："意各有所在，亦同归耳."

总之，中国古代数学著作从写作形式到思想方法都在刻意地模仿《周易》.

3. 中国古代数学内容的主线肇源于《周易》

我国最古老的《周髀算经》中开宗明义就写道："昔者周公问于商高曰：'窃闻乎大夫善数也. 夫天不可阶而升，地不可尺寸而度，请问数从安出？'商高曰：'数之法出于圆方，圆出于方，方出于矩，矩出于九九八十一. 故折矩，以为勾广三，股修四，径隅五. 既方之，外半，其一矩环而共盘，得成三四五. 两矩共长二十有五，是谓积矩. 故禹之所以治天下者，此数之所以生也.'"它与《周易》的联系是显而易见的.

《周易》研究事物的模式是所谓"象、数、理、占"，而《周髀算经》中关于勾股定理的论述也是按象（图像）、数（数据）、理（推理）、占（论断）的模式展开的.

赵爽在为《周髀算经》作注中解释这段话时写道："圆径一而周三，方径一而匝四，伸圆之周而为勾，展方之匝而为股，共结一角，邪适弦五，政圆方斜径相通之率. 故'数之法出于圆方'. 圆方者，天地之形，阴阳之数. 然则周公之所问天地也，是以商高陈圆方之形以见其象，因奇偶之数以制其法. 所谓言约旨远，微妙幽通矣."赵爽指出：商高为了向周公讲述测天的方法，就要向他讲述勾股定理. 先用圆方之形给出象，再用圆方的周长给出数，然后根据推理做出"径隅五"的论断. 赵爽还特别指出这个论断可以推广，这里只先陈述其法则.（"将以施于万事，而此先呈其率也."）其实赵爽在物理观念上并不相信"天圆地方"之说："天不可穷而见，地不可尽而观，安能定其圆方乎？"但是他又认为数学的推导应符合《周易》的基本思想："物有圆方，数有奇偶. 天动为圆，其数奇；地静为方，其数偶. 此配阴阳之义，非实天地之体也."

从《周髀算经》原文和赵爽的注看，象、数、占都十分明显地凸现出来了，只有理，由于商高寓理于算，过分简略，以致被人误认为商高只是凭经验知道有“勾三、股四、弦五”的直角三角形，并未证明普遍意义下的勾股定理.

商高是否从理论上证明了普遍意义下的勾股定理，让我们重新分析一下商高与周公的那一段对话：

故折矩，以为勾广三，股修四，径隅五.既方之，外半，其一矩环而共盘，得成三四五.两矩共长二十有五，是谓积矩.

这里有一个断句的问题.过去人们都把“既方之，外半，其一矩环而共盘”，破读为“既方之外，半其一矩，环而共盘”，因而使得商高的话就难以理解.现在我们试将商高的话重新作诠释.

“既方之”，是指把几个直角三角形合成一个正方形.商高在同一对话中曾经说过用矩之道可“环矩以为圆，合矩以为方”，所以商高知道怎么用直角三角形合成正方形.用几个非等腰（例如勾三股四）的直角三角形合成正方形，至少要用四个直角三角形，合成的方式只有如图1.1所示的两种：

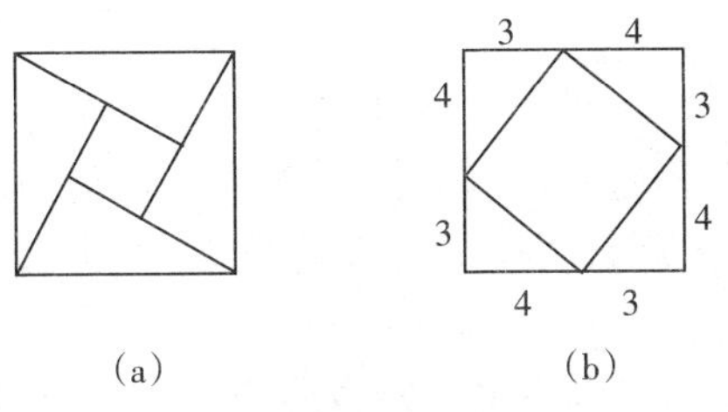

图1.1

图1.1(a)正是赵爽在注《周髀》时所用的弦图，而商高指的可能是图1.1(b)的形式.“外半”，指图1.1(b)中

外围的部分．那是由同一个矩环绕而生的方形盘(其一矩环而共盘)．于是商高的推理出来了：在图 1.1(b)中，整个正方形的面积是$(3+4)^2=49$．所以，内部正方形的面积为$49-\frac{1}{2}\times3\times4\times4=25$(两矩共长二十有五)，所以其边长即原矩之弦为 5．

把“勾三股四”推广到一般的“勾 a 股 b”的直角三角形上去，证明不需要做本质上的修改，依然是内部正方形的面积为

$$(a+b)^2-\frac{1}{2}\times4\times ab=a^2+b^2$$

所以，内部正方形的边长即矩的弦长为$\sqrt{a^2+b^2}$．当一个数学定理的证明从特殊过渡到一般的时候，如果不需要作实质上的修改，只在同一计算公式中改换数据，即使在今天意义下严格的数学证明，也是允许的．商高虽然在论述中只用了“勾三股四”的直角三角形(那是为了应合天地方圆之需而取用的)，但他所用的方法，完全可以毫无改变地推广到一般，因而可以说商高的论述已经证明了勾股定理．于是，“理”的脉络也清楚地表现出来了．

综上所述，可见中国古代数学著作从形式到内容，都有追随《周易》的强烈趋向．由于《周易》本身的模式化思想使中国古代数学的发展走上了模式化的道路．

第 4 节　成也于斯，败也于斯——李约瑟之谜

现在，我们可以回过头来，尝试解答中国古代数学中的“李约瑟之谜”了．

中国的贤哲没有使中国古代数学走上公理化的道路,而走上了模式化的道路,这是不足为怪的.但不可以认为公理化与模式化之间泾渭分流,有着不可逾越的鸿沟,存在高低不同的差异.模式化与公理化对数学的形成和发展相辅相成,各有千秋.中国古代数学的模式化并不是不要逻辑推理,而只是寓推理于计算之中,突出算法,省略推理而已.公理化方法也不是不要模式.牛顿的《自然哲学的数学原理》所用的方法,毫无疑问是公理化的方法.但是笛卡儿的《方法论》就没有采用公理化的方法,你能说它不是逻辑推理吗?欧几里得的公理体系,固然有其巨大的优越性,但这种体系并不等于逻辑推理,更不等于"严密".模式化与公理化在发展数学的作用上也各有千秋,交相为用.一般地说,从实际问题出发开创数学分支,总结提炼数学方法,模式化较为有用;当一门数学分支发展到了一定阶段,需要梳理、严密化、形成完整的体系的时候,公理化有较大的作用.但当一门数学高度综合的时候,模式化又能发挥巨大的作用.特别是电子计算机问世以后,计算机处理的问题是模式化的,利用计算机解决数学问题,例如关于数学史上著名的"四色问题"的解决,都是模式化的.数学的机械化证明,正在方兴未艾,前途无量,对解决某些数学问题正在发挥越来越大的威力.

因此,我们不能简单地认为,中国古代数学是因为没有走上公理化的道路,缺乏演绎推理方法而导致中国近代数学的落后.那么是什么原因使得中国古代数学能取得辉煌的成就,而中国近代数学却远远落后于西方呢?作者认为:之所以出现这一历史之谜的根本原因是以《周易》思维模式为基础的、在长期封建社会中形成的中国文化传统与中国古代数学模式化的方法相结合造成的. 因为中国古代数学在《周易》的影响下走上了模式化的道路之后，始终没有摆脱《周易》的思维模式，走向自身发展的道路，并长期为《周易》思维模式所控制、所影响. 在这种长期的影响与控制之下，虽然在一定的时期内，由于《周易》思想本身的先进性、合理性也带动了中国古代数学取得相当的成就，但到后来，就逐渐发展成为阻碍中国古代数学发展的绊脚石了.

《周易》思维模式对中国古代数学发展的负面影响表现在以下几个方面：

1. “天人合一”的本体哲学

中国古代文化一个最显著的特色是“天人合一”的宇宙本体哲学，所有中国古代文化的创造活动都发源于并得力于此种哲学. 这一思想肇端于《周易》.《周易·文言》提出了“与天地合德”的思想，它写道：“夫大人者，与天地合其德，与日月合其明，与四时合其序，与鬼神合其吉凶. 先天而天弗违，后天而奉天时，天且弗违，而况于人乎？”汉代董仲舒也说：“以类合之，天人一也.”又说：“天人之际，合而为一.”到宋代，天人合一思想有了进一步的发展. 张载明确提出“天人合一”的命题，主张把天之“用”与人之“用”统一起来. 程颢也强调“一天人”，不过他更主张“天人本无二，不必言合.”在我国长期的封建社会中把社会政治人事问题和自然现象搅在一起，使自然科学的研究受到人事的制约和干扰，阻碍自然科学的发展. 我国历史上出现汉代的“罢黜百家，独尊儒术”，元初的抬高“程朱理学”，都曾严重地阻碍科学的发展，都与“天人合一”的思想紧密相关.

“天人合一”思想容易造成数学家的思维定式，使

他们在研究数学问题时，始终跳不出《周易》思维的模式. 例如，宋朝著名理学家朱熹曾从数学的角度研究过"大衍之数"，显示出相当的数学功底. 但由于受到《周易》思维模式的影响，始终未能跳出"天地数"、"河洛数"、"天圆地方"等框框，绕来绕去得不到任何要领，最后只好无可奈何地说是"出于理势之自然，而非人之智力所能损益也."①

河图洛书只是一种简单的数字排列，杨辉早已阐明其构造方法，并不神秘. 但由于《周易》中有"天生神物，圣人则之……"一类的话，到了宋代的理学家们仍在河图、洛书上大做文章. 邵雍写道："盖圆者河图之数，方者洛书之文，故牺文因之而造易，禹箕序之而作范也."(邵雍：《观物外篇》)数学家秦九韶也把数学起源同河图洛书挂钩："爰自河图洛书，闿发秘奥，八卦九畴，错综精微，极而至于大衍、皇极之用."(秦九韶：《数书九章序》)及于明代，数学家程大位仍然坚持："数何肇？其肇自图书乎？伏羲得之以画卦，大禹得之以序畴……故今推明直指算法，辄揭河图洛书于首，见数有本原云."(程大位：《直指算法统宗·总说》)

早在三国时代，那位"观阴阳之割裂，总算术之根源"的刘徽就注意到了阴阳学说虽有其合理的因素，对某些离散数学能起作用，但对连续的量做定量分析就不适用了. 刘徽在推算球的体积时就曾经批评过张衡以阴阳附会数学的错误. 他写道："衡说之自然，欲协其阴阳奇偶之说而不顾疏密矣. 虽有文辞，斯乱道破义，

---

① 朱熹. 周易本义·易学精华. 济南：齐鲁书社，1990：1 075.

病也．”[1]并且身体力行，创造了割圆术的科学方法．祖冲之更把圆周率近似值计算的精确度推到时代的顶峰．但在一千多年后，程大位仍然认为：“窃尝思之，天地之道，阴阳而已．方圆，天地也．方象法地，静而有质，故可以象数求之；圆象法天，动而无形，故不可以象数求之．”（程大位：《直指算法统宗》）他明知“径一周三”只是约数，其精确值带有小数．但他竟然认为，整数和小数的接合处，正是“阴阳交错而万物化生”的地方，并据此得出结论，圆周率的小数部分是“上智不能测”的．如果可以用有限逼近无限的话，则“化机有尽而不能生万物矣！”较之刘徽、祖冲之一退千里，重新回到《周髀算经》的时代了．

“天人合一”思想的另一个弊病是封建王朝常常把某种思维模式尊为至上，而排斥压制别的方法．因为《周易》思维把自然现象和人事纠合在一起，统治者便常常为了人事的需要而用行政的力量强调尊崇某种模式，并把它推广到自然科学的研究中．要求学术研究为政治服务，要求政治思想与学术思想服从统一的模式．他们希望某种模式能“范围天地之化而不过，曲成万物而不遗”，对于某些无法“范围”的事物，不惜加以扭曲，以造成“不遗”的假象．他们主张人们的思想要“同归而殊途，一致而百虑”．首先是“同归”、“一致”，在这个前提下，才允许用不同的方式、不同的思考达到目的．“同归”、“一致”已是既定的目的，“殊途”、“百虑”只是达到目的的手段．

在13世纪下半叶，我国南宋时期数学史上的“四

---

① 钱宝琮校点．算经十书．北京：中华书局，1963：156．

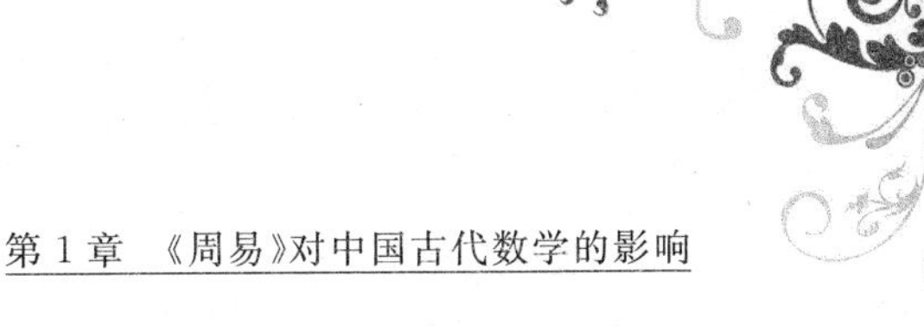

杰”李冶、杨辉、秦九韶、朱世杰也曾经把中国古代数学成就推上了时代的高峰，但很快蒙古奴隶主贵族入主中原，建立元朝，统治者出于巩固皇权的需要，把孔子的经学和程朱理学一下子抬到了吓人的高度，钦定为“范围天地”的模式，自然科学的研究也必须与之“同归”、“一致”，从而陷入僵死的思维定式. 明代思想家李贽(1527—1602)讽刺那一时期的读书人是“儒先臆度而言之，父师沿袭而诵之，小儿朦胧而听之，万口一词不可破也，千年一律不自知也.”[①]从此我国的科学技术便陷入悲惨的境地，“四杰”的光辉成就也成为“落日余晖”，很快就进入茫茫长夜了.

此外，这种独尊一家、排斥异端的思维模式也反映在对待外来文化的态度上. 西方数学曾多次传入中国而受到抵制. 直到19世纪，李善兰(1811—1882)在翻译《代微积拾级》时，仍将 A,B,C,D 译成甲、乙、丙、丁；x,y,z 译成天、地、人. 清代数学史家黄钟骏还认为，《几何原本》原是中国冉子所造，后来才“流传海外，西人得之，出其精思，以成此书.”[②]不过是将中国人的东西做了一些精巧的加工而已. 言下之意，这些外来的东西都是中国古已有之的. 吾人的模式早已“范围天地而不过”，还用得着向外人学习吗？天朝大国的优越感，故步自封的保守性，一至于此，又怎能不影响中国古代数学的发展呢？

2. 经世致用的功利思想

中国古代儒家思想的一大特色是经世致用，这一

---

① 李贽. 续焚书. 北京：中华书局，1975：100.

② 黄钟骏. 畴人传四篇. [出版地不详]：商务印书馆，1955：5.

思想的形成肯定也与《周易》有密切的关系.《系辞上传》说:“易有圣人之道四焉:以言者尚其辞,以动者尚其变,以制器者尚其象,以卜筮者尚其占.”在《系辞下传》的第二章中,连续用了12个“盖取诸”来阐明易卦对人类的生产生活的全方位的启发和应用.而折中于《周易》的中国古代数学也是以能否直接服务于社会作为研究的立足点的.《孙子算经》说:数学是:“立规矩、准方圆、谨法度、约尺寸、立权衡、平重轻、剖毫厘、折黍参,历亿载而不朽,施八权而无疆.”这就是说,数学是研究“立规矩、准方圆”等具体应用技术的,这是经历万世而不变,放之四海而皆准的真理.这种观点,自秦汉以降,逐渐成为中国古代数学思想的主流.

中国古代数学研究是模式化的方法,根据社会需要提出的实际问题建立数学模型,再根据模型找出一种算法解决实际问题.但由于我国漫长的封建社会使社会生产力发展缓慢,新的实践问题提出很少,也缺乏深度,因此为解决它们而研究的算法也发展缓慢,这就阻碍了中国古代数学的进一步发展.

例如,在西方获得了一次方程与二次方程的解法后,一方面顺理成章地研究方程的负数解和虚数解,一方面按部就班地转向更高次方程的研究,在得到三、四次方程的求根公式之后,又转向五次方程的研究,导致了伽罗华群论的产生,开辟了代数学的新方向.反观中国古代数学,对一次、二次方程早有研究,但却没有人去研究虚数,因为当时的社会还提不出实际的需要.刘徽在《九章算术》中有的方程已有分数解,到了贾宪不但未向前推进,大概是实际问题无须那样精确,反而退回来把同类问题改成整数,连他的师兄弟也批评他“弃

去余分，于法未尽”，更未能顺理成章研究更高次方程. 所以秦九韶不得已而人为地编造一些问题，“拔高”其次数以资研究.《数书九章》中有一道名为“遥度圆城”的问题，最多只要用到列三次方程，而秦九韶却在解法中故意设直径的平方根为未知数，从而导出10次方程. 后人对此颇有微词，认为秦是“好高骛远”、“哗众取宠”. 其实，秦九韶这样做也是不得已而为之的，是为了“设为问答以拟于用”而故意“拔高”的.

《孙子算经》中载有一个“物不知数”问题，秦九韶从研究“物不知数”问题的一般理论而得到“大衍求一术”，全面地推广和彻底地解决了这一问题. 但是秦九韶为什么要把自己的伟大成果说成是来源于《周易》呢？恐怕也是与经世致用的思想影响有关.

《孙子算经》明显地继承了《九章算术》的风格，其中的一些几何问题明显地比后者更接近于实际. 在“经世致用”的思想指导下，这个不联系生产、不联系生活的“物不知数”从何而来？一种可能的解释是来源于占筮：任取一把蓍草，先三三数之，得一余数，如为奇数则取阳爻，如为偶数则取阴爻；再五五数之，根据余数的奇偶又可得一爻；之后七七数之又得一爻，最后便到一个三爻卦. 占筮在古代很盛行，是一种公开的、合法的社会行业，也可以算得上是社会上实际的需要，能符合经世致用的原则，更符合《周易》“以卜筮者尚其占”的信条. 谈到占筮，自然以“大衍之数”为其鼻祖. 所以，秦九韶称他的成果“微寓于易”，既提高了其地位，又证明了其来源于实际，也实在未可厚非.

还必须指出的是，中国古代封建社会的所谓经世致用，主要还是“治国平天下”之类的政治上的“用”，至于用于生产的数学，只是一种不能登大雅之堂的应用技术，从来得不到社会的重视. 像赵爽、刘徽这些伟大的数学家，连一个生平简历都没有留下，就足以说明这个问题. 宋末元初，程朱理学盛行，在理学家看来，数学毫无用处. 李焘曾经公开反对国家建立算学馆，他说："将来建学之后，养士设科，徒有烦费，实于国家无补."[①]唐朝的最高学府国子监虽然设有明算科，把数学作为一个专业，但算学博士的官秩才是"从九品下"，算学助教则没有品秩. 而国子监的经学博士官秩为正五品，连助教也是从六品上. 两者的地位相差极为悬殊，因此出现了"士族所趋惟明经、进士二科而已"的局面. "学而优则仕"对中国古代的数学家并不适用. 中国古代数学家们为了提高数学的地位，使它和经学一样得到社会的同等对待，许多数学家常把自己的优秀数学成果附会成经学的内容，而在重要的儒家经典中，只有《周易》才能附会数学的内容. 如秦九韶把他发明的一次同余式组解法附会为《周易》的大衍之数，就是一个典型的例子. 这样就更造成了数学思想受囿于《周易》模式的恶性循环.

3. 述而不作的研究方法

中国古代数学以根据实际问题提炼模型，给出算法为己任，因而数学家的研究就侧重于两个方面：

第一是研究、改进、完善前人的算法，不少数学家竭毕生精力直接为《九章算术》一书作注，自己的著作也以《九章》命名，如《数书九章》、《详解九章算法》等等.

① 李焘. 续资治通鉴长编. [出版地不详]：浙江书局，1881：26.

第二是根据社会实践提出的新问题归纳建立新的数学模型,新的数学模型如能归于已有的类,则归于那一类补充其内容,不能归于已有类中去的,则增加一个新类.新类仍尽可能与原有的类纳于统一的模式中.

这种述而不作的研究方式,束缚了数学家对从数学本身中提出和探索新思想、新理论的努力,虽然对算法的改进也可在一定程度上促进数学的进展,但忽视了对理论的研究,忽视了对各种算法之间内部逻辑联系的研究.

更有甚者,由于受《周易》思维模式的影响,还把新的数学内容牵强附会地纳入已有的模式,用"曲成"的办法,使原有的模式保持"范围天地之化而不过"的作用.如《数书九章》中增加了"大衍类",秦九韶明知"大衍法"是一种新数学,"独大衍法不载九章,未有能推之者."但他仍因受了"述而不作"等思想的影响,却硬说"大衍法"是《周易》中早已有之的内容.《九章算术》的未载,只是作者的疏忽."圣有大衍,微寓于易……衍而究之,探隐知原……其书九章,惟兹弗纪."为了证明其说,他对《系辞》中"大衍之数"一节所提及的古代筮法做了特殊的解释,由于秦氏的数学功底,居然做到了自圆其说.其实,秦氏对大衍之法的解释与通行的解释比较,除了使用共同的术语外,对术语的定义,分揲的办法,筮数的结果,两者都相去甚远.真极尽"曲成"之能事.所以后人对秦的做法颇多微词,认为那是牵强附会的典型.

唐代的僧一行编制了一部历法,命名为《大衍历》.历法编算的重点之一是确定年和月的天数,它们都不是整数,把不够一天的部分表为分数,《大衍历》取得了比较精确的数据.擅长数学的僧一行肯定是用科学的办法得出这些数据的,如他使用的不等距二次插值法,就是对数学的一大新贡献.但是他却使用《周易》的一些术语,如“五行”、“揲四”、“二极”、“两仪”、“象”、“爻”、“生数”等,硬凑出一套神秘的计算公式来,使之纳入《周易》的模式能“援易以为说”,而真正的数学思想的火花也就随开随落了.

综上所述,中国古代数学在《周易》思维的影响下,走上了模式化的道路.模式化本身并不是使中国近代数学落后的原因,相反,由于《周易》思维模式的某些先进性、合理性,还曾使中国古代数学取得过辉煌的成就.但在继续发展的道路上,因受到“天人合一”的哲学本体、经世致用的功利思想、述而不作的研究方法的影响,使中国古代数学长期受控于《周易》的思维模式,未能走上自身发展的道路,才导致中国近代数学的落后.古代数学的成就和近代数学的落后出于同一原因,即《周易》思维模式影响下形成的模式化道路.正是:

“成也于斯,败也于斯”.

第2章 易卦与现代数学的联系

在第1章中，我们简单地介绍了易卦与中国古代数学的联系，在这一章中，我们将介绍易卦与现代数学的一些联系. 易卦的抽象的符号系统，是一个良好的代数结构，它与现代数学的许多分支，如集合论、布尔代数、群论、概率论、组合论等的基本概念，都可建立密切的关系. 数学奥林匹克的许多试题，正是现代数学(主要是离散数学)的某些分支的基本思想的灵活运用，这类问题大抵是一些智力型机智题，需要的具体数学知识和运算一般不太多. 本章主要介绍易卦与某些数学分支的基本概念中与解奥赛题有关的部分.

为了书写和演算的方便，也为了更接近现代数学的形式，有时我们将易卦改写成下面的形式：

用符号1代表易卦中的阳爻"—"，用符号0代表易卦中的阴爻"--"，并且把易卦从下到上的直排顺序，改写成从左到右的横排顺序，全部6个爻写在括号之内，两个符号之间用逗号隔开. 如：

乾䷀→(1,1,1,1,1,1)；

坤䷁→(0,0,0,0,0,0)；

屯䷂→(1,0,0,0,1,0)；

蒙䷃→(0,1,0,0,0,1)；

……

既济䷾→(1,0,1,0,1,0)；

未济䷿→(0,1,0,1,0,1).

在本书以后各章，我们都不加区别地使用这两种不同的形式表述易卦.

第 1 节　易卦与二进数的关系

为了研究计算机的需要，德国数学家莱布尼兹冲破传统的束缚，人为地引进了最基本最简单的进位制——二进位制.

1679 年 3 月 15 日，莱布尼兹撰写了题为“二进制算术”的论文，在文中详细地讨论了二进位制，不仅给出了用 0 和 1 两个数码表示一切自然数的规则，并给出了它们之间的四则运算.同时还将二进制数与十进制数进行了详细的比较.不过，这篇论文当时没有公开发表.

1701 年，莱布尼兹将关于二进制算术的论文提交法国科学院，但要求暂时不要发表.同时他给法国在中国的传教士白晋写信，在信中详细讲述了二进制思想，希望白晋能把二进制算术介绍给中国.同年 11 月，白晋把中国宋代邵雍(1011—1077)的伏羲六十四卦次序和伏羲六十四卦方位图寄给了莱布尼兹.莱布尼兹惊奇地发现，二进制数与易卦具有同构关系.他十分高兴

地写信给白晋说，他破译了中国几千年不能被人理解的千古之谜，应该让他加入中国籍. 1703 年，莱布尼兹终于发表了经过补充修改的论文“关于仅用 0 和 1 两个符号的二进制算术的说明”，并附其应用以及据此解释古代中国伏羲图的探讨，从此二进制算术公之于世，易卦与二进制算术之间的对应关系也被揭示出来.

每一个易卦都可以表示成一个六位的二进制数(为统一计，允许在不足六位的二进数前补 0，使凑足六位)，如

$$䷝ \rightarrow 101101_2 = 45$$

$$䷋ \rightarrow 000111_2 = 7$$

反过来，每一个不超过六位的二进数，也一定可以表示为一个易卦，如

$$39 = 100111_2 = ䷘$$

$$13 = 001101_2 = ䷷$$

二进数在解奥赛题中经常用到，不过，它并没有涉及太多的理论，所以此处也不做更详细的发掘.

第 2 节　易卦与集合论的联系

集合论是现代数学的基础，它不仅渗透到了数学的各个领域，也渗透到了许多自然科学和社会科学的领域. 德国数学家康托(G. Cantor，1845—1918)首先提出了集合的概念，他于 1872～1897 年间发表了一系列关于集合论的论文，奠定了集合论的基础.

《系辞》说：“方以类聚，物以群分”，这里所说的“类”与“群”就与数学中的“集合”概念非常接近. 我们

假定读者对集合的一些基本概念已有一定的了解.

集合是一个不精确定义的概念,通常把某些确定的客体的总体称为一个集合,简称集.

集合的客体称为集合的元素,也简称元.通常用大写拉丁字母 $A,B,C,\cdots$ 表示集合,用小写拉丁字母 a, $b,c,\cdots$ 表示集合的元素.用记号"$a\in A$"表示 a 是 A 的元素,用记号"$a\notin A$ 或 $a\overline{\in} A$"表示 a 不是 A 的元素.

如果两个集合的元素完全相同,则称这两个集合相等.

如果集合 A 的所有元素都是集合 B 的元素,则称 A 是 B 的子集,记作

$$A\subseteq B \text{ 或 } B\supseteq A$$

如果集合 B 至少有一个元素不是其子集 A 的元素,则称 A 是 B 的真子集,记作

$$A\subsetneqq B \text{ 或 } B\supsetneqq A$$

由某种确定对象的全体所组成的集合叫作全集,通常用 I 表示.

由全集 I 中不属于 I 的子集 A 的那些元素所组成的集合叫作 A 的补集,通常记作 $\overline{A}$.

由集合 A 与 B 的所有元素组成的集合(两个集合中都有的元素只算一个)叫作 A 与 B 的并集,记作$A\cup B$.

由同时属于 A 与 B 的元素组成的集合叫作 A 与 B 的交集,记作 $A\cap B$.

并集、交集、补集通常可用一种被称为文氏图的图形表示:图中长方形表示全集,圆表示集合.图 2.1 中的阴影部分分别表示 A 与 B 的并集、A 与 B 的交集和 A 的补集.

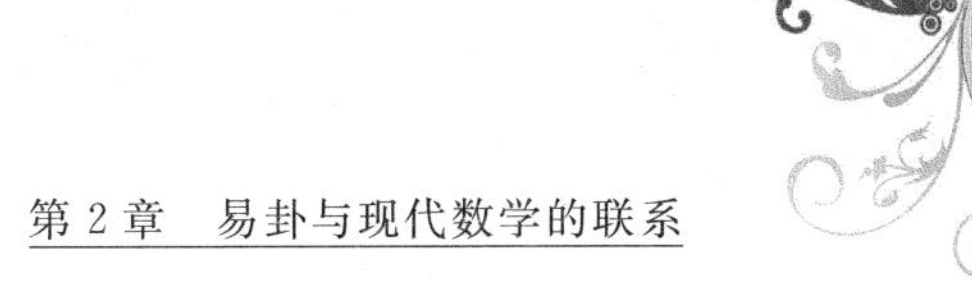

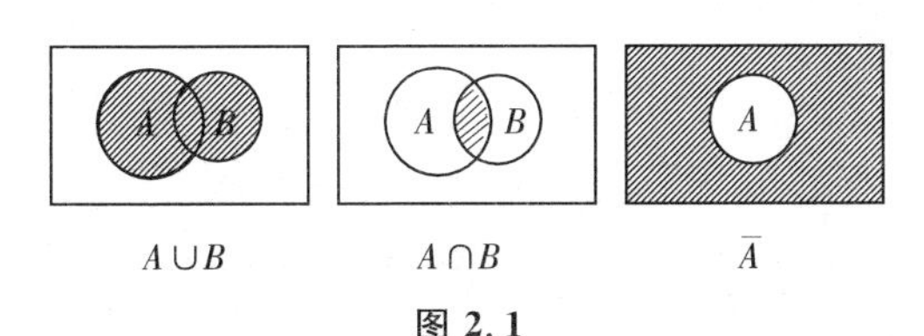

图 2.1

易卦可以从各种不同的角度与集合论发生联系，下面我们主要谈谈子集与关系.

1. 子集

假定 H 是一个共有 6 个元素的集合，记作 $H=\{a_1,a_2,a_3,a_4,a_5,a_6\}$. H 共有 $2^6=64$ 个子集. 如果 H 的一个子集包含元素 a_1,a_4,a_6，那么我们取一个第一、第四、第六爻是阳爻，其余各爻都是阴爻的卦，就可以在 H 的子集与易卦之间建立起一一对应的关系. 因此，任给 6 元集 H 的一个子集，就可以得到一个易卦，如

$\{a_1,a_4,a_6\}$→䷔

$\{a_1,a_3,a_5,a_6\}$→䷤

空集 $\varnothing$→䷁

全集 I→䷀

反过来，对于任何一个易卦，都可以找到一个 H 的子集和它对应，如

䷽→$\{a_3,a_4\}$

䷪→$\{a_1,a_2,a_3,a_4,a_5\}$

因此，我们可以把易卦看成 6 元集的子集，全体易卦所成之集 G 就是 6 元集 H 的幂集.

易卦集 $G=\{$䷀,䷁,䷂,䷃,…,䷾,䷿$\}$有许多重要

的子集,如:

八经卦集:X=｛䷀,䷁,䷜,䷝,䷳,䷲,䷹,䷸｝;

自复卦集:Y=｛䷀,䷁,䷜,䷝,䷚,䷛,䷼,䷽｝;

一阳卦集:Z=｛䷗,䷆,䷎,䷏,䷇,䷖｝;

……

2. 关系

关系是集合论的一个基本概念.

设 A 与 B 是两个集合(A 与 B 可以相同也可以不相同).在 A 中取元素 a,在 B 中取元素 b,作成一个有序的元素对(a,b),称为集合 A 与 B 的一个序偶.

A 与 B 的全部序偶所成的集合 D 称为 A 和 B 的笛卡儿积,记作 $A\times B$,即

$$D=A\times B=\{(a,b)\mid a\in A,b\in B\}$$

A 与 B 的笛卡儿积的一个子集 R,称为 A 与 B 的一个二元关系.

例如,设 $A=\{1,2,3\}$,$B=\{x,y\}$,则$(1,x)$,$(2,y)$,$(3,y)$等都是 A 与 B 的序偶,但不是 B 与 A 的序偶.$(x,1)$,$(y,2)$等才是 B 与 A 的序偶.

由 A,B 作成的笛卡儿积分别是

$$A\times B=\{(1,x),(1,y),(2,x),(2,y),(3,x),(3,y)\}$$

$$B\times A=\{(x,1),(x,2),(x,3),(y,1),(y,2),(y,3)\}$$

$$A\times A=\{(1,1),(1,2),(1,3),(2,1),(2,2),(2,3),(3,1),(3,2),(3,3)\}$$

$$B\times B=\{(x,x),(x,y),(y,x),(y,y)\}$$

集合 $R=\{(1,x),(2,y),(3,x)\}$是 $A\times B$ 的一个二元关系.

按照《周易》的说法，太极生两仪，两仪生四象，四象生八卦，等等. 我们可以把“两仪”、“四象”、“八卦”等都看成一个集合：

两仪集：$A=\{$⚊，⚋$\}$；

四象集：$B=\{$⚌，⚍，⚎，⚏$\}$；

八卦集：$C=\{$☰，☷，☳，☶，☵，☲，☱，☴$\}$.

于是，四象集 B 可以看成两仪集 A 的二重笛卡儿积，八卦集 C 可以看成两仪集 A 的三重笛卡儿积，或 A 与 B 的笛卡儿积. 易卦集 G 既可看成 A 的六重笛卡儿积，B 的三重笛卡儿积，或 C 的二重笛卡儿积，即

$$B=A\times A$$

$$C=A\times A\times A=A\times B=B\times A$$

$$G=A\times A\times A\times A\times A\times A=B\times B\times B=C\times C$$

又一个易卦由 6 个爻位组成，如屯卦䷂的 6 个爻位是：初九，六二，六三，六四，九五，上六，假如将其改写为：九初，六二，六三，六四，九五，六上，则每个易卦可以看作下面两个集合

$$X=\{\text{六},\text{九}\}$$

$$Y=\{\text{初},\text{二},\text{三},\text{四},\text{五},\text{上}\}$$

的一个二元关系.

3. 等价关系与分类

集合 A 与 A 的一个关系简称为 A 的关系，A 的关系中最重要的关系之一是等价关系，它是集合中元素分类的基础.

设 R 是 A 的一个二元关系，若 R 满足条件：

(1) $(a,a)\in R$；

(2)若$(a,b)\in R$,则$(b,a)\in R$;

(3)若$(a,b)\in R$,$(b,c)\in R$,则$(a,c)\in R$.

则称 R 是 A 的一个等价关系.

若 $a,b\in A$,且$(a,b)\in R$,则称 a 与 b(关于 R)等价,记作 $a\sim b$.

利用等价关系,可以将一个集合的元素分类.设 A 是一个集合,R 是 A 的一个等价关系.在 A 中任取一元素 a,将 A 中所有与 a 等价的元素归入一类,记作 Ha.即

$$Ha=\{x\mid x\in A,\text{且}(a,x)\in R\}$$

称 Ha 为集合 A(关于 H)的一个等价类.显然,当$(a,b)\in R$,则 $Ha=Hb$,所以 Ha 与 Hb 只算一个类.

设 $A_1,A_2,\cdots,A_k$ 是集合 A 关于等价关系 R 的所有不同等价类,那么$\{A_1,A_2,\cdots,A_k\}$是集合 A 的一个划分.即将 A 划分成 k 个彼此不相交的非空子集:

(1)$A_i\neq\varnothing(i=1,2,\cdots,k)$;

(2)$A_1\cup A_2\cup\cdots\cup A_k=A$;

(3)$A_i\cap A_j=\varnothing(1\leqslant i<j\leqslant k)$.

集合 A 的一个划分,实际上是将 A 的元素按某一标准(等价关系 R)进行了分类.

易卦集 G 中有许多等价关系,它常常是人们借以对易卦进行分类的依据,如:

同下卦关系:䷊～䷍;

同上卦关系:䷢～䷿;

同阳爻个数关系:䷙～䷄;

……

第 3 节　易卦与布尔代数的联系

布尔代数最初是在对逻辑思维法则的研究中出现的. 英国哲学家布尔(G. Boole,1815—1864)利用数学方法研究了集合与集合之间的关系的法则. 他的研究工作后来发展为一门独立的数学分支. 随着电子技术的发展,布尔代数在自动化技术和电子计算机技术中得到了广泛的应用. 布尔向量是由 0 和 1 两个数码按一定顺序排列的数组. 即若 a_i 表示数 0 或 1,则

$$(a_1,a_2,\cdots,a_n)\quad (a_i\in\{0,1\},i=1,2,\cdots,n)$$

称为一个 n 维布尔向量. 布尔向量常被用来作为描述一些具有 n 个因素而每个因素都有两种对立状态的数学模型. 我们将看到,每一个易卦都可以看成一个布尔向量;反过来,每一个布尔向量也可以当作一个易卦. 而易卦的全体所成的集合又是一个布尔代数.

1. 布尔向量

本章开头时,我们将易卦的写法做了一种改变,实际上就是改写成了一个 6 维布尔向量. 因此,每一个易卦都可看成一个 6 维布尔向量,例如

䷃→(0,1,0,0,0,1)

䷚→(1,0,0,0,1,1)

反过来,任何一个 6 维布尔向量也就是一个易卦. 例如

(0,0,0,1,1,1)→䷋

(0,1,0,0,1,0)→䷜

所以,易卦集就是 6 维布尔向量集.

完全类似的,两仪{⚊,⚋},四象{⚌,⚍,⚎,⚏},八卦{☰,☷,☳,☶,☵,☲,☱,☴}所成的集合分别是一维、二维和三维的布尔向量:

两仪集对应一维布尔向量

⚊ →(1)

⚋ →(0)

四象集对应二维布尔向量

⚌ →(1,1)

⚎ →(1,0)

⚍ →(0,1)

⚏ →(0,0)

八卦集对应三维布尔向量

☰ →(1,1,1)

☷ →(0,0,0)

☳ →(1,0,0)

☵ →(0,1,0)

☶ →(0,0,1)

☱ →(1,1,0)

☲ →(1,0,1)

☴ →(0,1,1)

将若干卦放在一起,就可以排出一个布尔矩阵.例如,乾䷀、坤䷁、坎䷜、离䷝四卦,可排成一个 4×6 维矩阵

$$\begin{pmatrix} 1 & 1 & 1 & 1 & 1 & 1 \\ 0 & 0 & 0 & 0 & 0 & 0 \\ 0 & 1 & 0 & 0 & 1 & 0 \\ 1 & 0 & 1 & 1 & 0 & 1 \end{pmatrix} \begin{matrix} \to ䷀ \\ \to ䷁ \\ \to ䷜ \\ \to ䷝ \end{matrix}$$

关于布尔向量与布尔矩阵的数学性质，本书不做详细介绍，只有在解题时涉及某一具体知识时再临时加以说明.

2. 布尔代数

现代数学研究抽象的运算. 考察正整数集 $\mathbf{N}^*$ 内的加法，如

$$3+5=8$$

3 与 5 可以看作集合 $\mathbf{N}^*$ 中的一个序偶，或者说是 $\mathbf{N}^*$ 的二重笛卡儿积中的一个元素，通过加法"+"运算，得到 $\mathbf{N}^*$ 中的另一个元素 8. 抽象地看，这是 $\mathbf{N}^*\times\mathbf{N}^*$ 中的元素(3,5)通过一种对应法则对应 $\mathbf{N}^*$ 中的元素 8，即

$$(3,5)\rightarrow 8$$

因此，我们可以说，正整数的加法运算是集合 $\mathbf{N}^*\times\mathbf{N}^*$ 到集合 $\mathbf{N}^*$ 的一个映射.

再看减法运算，令 $\mathbf{Z}$ 表整数的集合

$$3-5=-2$$

被减数 3 与减数 5 仍可看作 $\mathbf{N}^*\times\mathbf{N}^*$ 的元素(3,5)，但 -2 不是 $\mathbf{N}^*$ 的元素，而是整数集 $\mathbf{Z}$ 的元素. 因此，减法运算可以看作 $\mathbf{N}^*\times\mathbf{N}^*$ 中元素(3,5)通过一种对应法则对应于 $\mathbf{Z}$ 中的元素 -2

$$(3,5)\rightarrow -2$$

因此，可以说正整数的减法是集合 $\mathbf{N}^*\times\mathbf{N}^*$ 到集合 $\mathbf{Z}$ 的一个映射.

所以，我们这样来定义运算：

设 A 与 B 是两个给定的集合，A 的二重笛卡儿积

$A \times A$ 到 B 的一个映射，称为集合 A 的一个二元运算.

在易卦（布尔向量）中定义适当的运算之后，就成为一个布尔代数. 我们先给两仪集 $A=\{$⚊，⚋$\}$定义两种运算，分别称为加法和乘法，用记号$\oplus$和$\otimes$表示，$\oplus$与$\otimes$的定义如下表所示

$\oplus$	⚊	⚋
⚊	⚊	⚊
⚋	⚊	⚋

$\otimes$	⚊	⚋
⚊	⚊	⚋
⚋	⚋	⚋

给定一个集合 A，如果在 A 中定义了两种运算，分别称之为加法和乘法，并用符号$\oplus$与$\otimes$表示. 这个集合 A 与它的两个运算所构成的代数系统，如果满足下列全部条件，则称为一个布尔代数：

(1)两个运算都满足结合律，即对任意的 $a,b,c\in A$，都有

$$(a\oplus b)\oplus c=a\oplus(b\oplus c)$$

$$(a\otimes b)\otimes c=a\otimes(b\otimes c)$$

(2)两个运算都满足交换律，即对任意的 $a,b\in A$，都有

$$a\oplus b=b\oplus a$$

$$a\otimes b=b\otimes a$$

(3)每一个运算对另一个运算满足分配律，即对任意的 $a,b,c\in A$，都有：

乘法对加法的分配律

$$a\otimes(b\oplus c)=(a\otimes b)\oplus(a\otimes c)$$

加法对乘法的分配律

$$a\oplus(b\otimes c)=(a\oplus b)\otimes(a\oplus c)$$

(4)在 A 中存在加法的零元和乘法的单位元,即在 A 中存在两个元素,分别记作 θ 和 e,使得对任意的 $a\in A$,下列等式成立

$$a\oplus\theta=\theta\oplus a=a$$
$$a\otimes e=e\otimes a=a$$

(5)A 中每一个元素都有补元,即对任一 $a\in A$,存在一个对应的元素 $a'\in A$(a'与 a 可以相同),使得

$$a\oplus a'=e$$
$$a\otimes a'=\theta$$

则 a'称为 a 的补元(显然 a 也是 a'的补元).

满足上述五个条件的集合 A 连同它的两个运算所成的代数系统就称为布尔代数.

一个布尔代数涉及六个要素:集合 A,加法运算"$\oplus$",乘法运算"$\otimes$",补元运算"$'$",零元 θ 和单位元 e.因此,常用符号($A,\oplus,\otimes,',\theta,e$)来表示一个布尔代数.

布尔代数的一个最简单的例子是所谓二值代数:

设 $\beta_1=\{0,1\}$是一个只有两个元素的集.定义 β_1 的加法与乘法如下

+	1	0
1	1	1
0	1	0

×	1	0
1	1	0
0	0	0

不难直接验证:"+"与"×"两个运算都满足结合律、交换律和一个对另一个的分配律.并且 A 有零元 0,单位元 1.1 的补元是 0,0 的补元是 1.所以 $\beta_1=\{1,0\}$是一个布尔代数.

现在我们将两仪集 $A=\{$⚊,⚋$\}$之中的阳爻"⚊"

对应于 β_1 中的 1,阴爻“- -”对应于 β_1 中的 0,则两个集合同构. 所以 $A=\{$ —, - - $\}$是一个布尔代数,特别是一个二值代数. 我们不妨称它为“阴阳代数”.

把两仪集的运算⊕和⊗推广到多爻的卦上,如四象集、八卦集、易卦集上,运算的方法是在同一爻位上的两爻按阴阳代数的法则运算,例如

䷕⊕䷯=䷼　　䷕⊗䷯=䷎

所以,四象集、八卦集、易卦集对于运算⊕,⊗都构成一个布尔代数.

第 4 节　易卦与群论的联系

群是现代数学中的一个极为重要的概念. 它是 19 世纪法国青年数学家伽罗华(E. Galois,1811—1832)在研究 5 次以上代数方程的解法时,于 1832 年引进的. 群在数学的各个分支中,在许多理论科学和技术科学中都有十分重要的应用. 如相对论中的洛伦兹群,量子力学中的李群,都是现代科学中常识性的工具. 今天群论已发展成为一门艰深的数学分支. 我们将看到,在适当地定义了易卦集(类似地对两仪、四象、八卦的集也一样)的运算之后,易卦集就成为一个交换群. 它与数学中的模 2 加群同构,而且有许多有趣的子群.

在群的定义中要用到抽象的运算和结合律的概念(抽象的运算不一定满足交换律),运算仍照上节的定义理解,结合律可按数的加法或乘法满足结合律那样理解.

设 G 是一个非空集合,如果在 G 中定义了一种二

元运算(通常把这个运算叫作乘法,乘号一般省略不写),满足下列条件:

(1)乘法运算是封闭的,即对任意的 $a,b\in G$,其积 $ab=c$ 仍是 G 的元素.

(2)乘法运算满足结合律,即对任意的 $a,b,c\in G$,都有

$$(ab)c=a(bc)$$

(3)G 中有一个单位元. 即 G 中存在元素 e,对于任意的 $a\in G$,都有

$$ea=ae=a$$

(4)G 中每一个元素都有逆元. 即对任意的 $a\in G$,G 中存在元素 a^{-1}(a^{-1}可以与 a 相同),使得

$$aa^{-1}=a^{-1}a=e$$

则 G 称为一个群.

若 G 的乘法还满足交换律,即对任意的 $a,b\in G$,都有

$$ab=ba$$

则称 G 为交换群或阿贝尔群(Abelian group).

一个最简单的群的例子是 $G=\{-1,1\}$,G 的乘法是普通的乘法"×",我们来逐条验证 G 满足群的 4 个条件:

(1)由乘法表:

$1\times1=1$,$1\times(-1)=-1$,$(-1)\times1=-1$,$(-1)\times(-1)=1$,G 对于它的乘法是封闭的.

(2)G 的乘法是普通的乘法,有理数的乘法满足结合律,G 的乘法当然也满足结合律.

(3)因为 G 中的 1 对于 G 的全部元 1 和 -1 都满足

$$1\times1=1,1\times(-1)=(-1)\times1=-1$$

所以 1 是 G 的单位元.

(4)因为 $1\times1=1,(-1)\times(-1)=1$. 即 G 的元素 1 有逆元 1，-1 有逆元 -1.

因为 4 个条件都能满足，所以 G 是一个群；同时因乘法满足交换律，故 G 是一个交换群.

现在，我们对两仪集 $A=\{⚊,⚋\}$ 来定义一个乘法"×"

×	⚊	⚋
⚊	⚊	⚋
⚋	⚋	⚊

与有理数乘法的符号规则"同号得正，异号得负"类似，这个乘法运算可称为"同性得阳，异性得阴".

将 A 中的阳爻"⚊"与 G 的 1 对应，阴爻"⚋"与 -1 对应，则 A 与 G 同构. 因此两仪集 A 是一个群. 它的单位元是"⚊"，每个爻是它自己的逆元.

把 A 的乘法推广到四象集、八卦集、易卦集上，就得到相应的群. 我们不妨称之为四象群、八卦群、易卦群.

对于易卦群 D，易知：乾卦䷀是它的单位元；每一个卦都是它自己的逆元.

以后我们把这个群记为 D_1.

现在我们给两仪集 $A=\{⚊,⚋\}$ 定义另一种运算加法"+"

+	⚊	⚋
⚊	⚋	⚊
⚋	⚊	⚋

在 $A=\{$⚊,⚋$\}$ 与 $G=\{1,-1\}$ 的元素之间做对应

$$⚊ \to -1, ⚋ \to 1$$

则 A 与 G 同构，因而 A 是一个群，这个群称为“模 2 加群”.

将 A 的运算法则推广到四象集、八卦集、易卦集上，又得到相应的群.

我们将易卦集 D 所产生的这个群记为 D_2. 则 D_2 的单位元是坤卦䷁，每一个元的逆元是它本身.

易卦集 D 的两种群 D_1 与 D_2 是同构的. 其对应关系是：

卦 $X \to$ 卦 X 的变卦（也叫旁通）X'.

设 G 是一个群，H 是 G 的一个子集合，如果对 G 的乘法，H 本身也是一个群，则称 H 为 G 的子群.

对于易卦群 D_1，有许多有趣的子群，如：

单位元䷀作为一个子群：$E=\{$䷀$\}$；

乾䷀、坤䷁两卦也作成一子群：$F=\{$䷀,䷁$\}$；

乾䷀、坤䷁、坎䷜、离䷝四卦作成一个子群 $H=\{$䷀,䷁,䷜,䷝$\}$.

八经卦也作成一个子群：$J=\{$䷀,䷁,䷜,䷝,䷳,䷲,䷹,䷸$\}$.

并且易见，E,F,H,J 依次前一个是后一个的子群.

第 5 节　易卦与组合论、图论、数论、概率论等的联系

1. 易卦与组合论

众所周知，易卦就是由两个元素“—”和“--”，每次取 6 个的重复排列，因此，易卦与排列组合的关系至为密切，例如：

(1)一个三爻卦相当于从二元集{—，--}中取 3 个的重复排列，故三爻卦有 $2^3=8$ 个.

一个六爻卦相当于从二元集{—，--}中取 6 个的重复排列，故六爻卦共有 $2^6=64$ 个.

(2)朱熹在《周易本义》中引李之才的卦图，按卦中阳爻的个数将 64 卦分类排列，以计算出“一阳五阴之卦”、“二阳四阴之卦”……的个数. 在二项式定理中，令 $n=6$，则有

$$(x+y)^6=x^6+6x^5y+15x^4y^2+20x^3y^3+15x^2y^4+6xy^5+y^6$$

当我们把 x 看作阳爻，y 看作阴爻，则 x^5y 表示“五阳一阴之卦”，x^3y^3 表示“三阳三阴之卦”等等. 而 x^5y 的系数就是“五阳一阴之卦”的个数，x^3y^3 的系数就是“三阳三阴之卦”的个数等等.

(3)将一个卦的所有爻都改成相反的爻，所得的新卦称为原卦的变卦或旁通卦. 一个卦倒转过来也可得一新卦称为原卦的复卦. 如果一个卦的复卦恰好是它自己，则称为自复的卦. 如果一个卦的复卦又是它的变

卦,则称为亦复亦变.

一个卦是自复卦的充要条件是它的第一爻与第六爻、第二爻与第五爻、第三爻与第四爻的爻性相同.因此每一个自复卦由它的下卦完全决定,每一个自复卦对应一个三爻卦,三爻卦共有 $2^3=8$ 个,所以自复卦也有 8 个.

一个卦是亦复亦变的充要条件是它的初爻与上爻,第二爻与第五爻,第三爻与第四爻有相反的爻性.因此,每一个亦复亦变的卦也由它的下卦完全决定,因而一个亦复亦变的卦对应一个三爻卦,所以共有 $2^3=8$ 个.

(4)东汉易学家讲变卦还有一种"互体"的说法,所谓"互体之象",是指在一个卦中共有 6 爻,第一、第二、第三 3 个爻组成一个经卦,第四、第五、第六 3 个爻也组成一个经卦.这是一个易卦的上、下卦.除此之外,第二、第三、第四 3 个爻也可以组成一个三爻卦,第三、第四、第五 3 个爻也组成一个三爻卦,后面这两个三爻卦称为原来易卦的"互体之象".

这也是一个典型的组合问题:"将 1,2,3,4,5,6 等 6 个数字能组成多少 3 个连续的整数组?"其答案是 4 个,即

123,234,345,456

东汉人讲"互体"还有一种"连互之法",即将上面的四个三爻卦两两重叠起来组成一个易卦,但做下卦的开头一个数必须小于做上卦的开头一个数.例如(123)(234)可做成一卦,但(345)(234)不能连成一个卦.这样"连互"起来的新易卦,分别称为原卦的"四画连互"(只包含原卦的 4 个爻)或"五画连互"(包含原卦

的 5 个爻).

这也是一个组合问题,显然“连互”的卦共有

$$2+2+1=5(个)$$

即:

(123)(234)⟶四画连互;

(123)(345)⟶五画连互;

(234)(345)⟶四画连互;

(234)(456)⟶五画连互;

(345)(456)⟶四画连互.

此外,河图、洛书也是组合学中古老的内容.“洛书”是一个三阶幻方.杨辉在《续古摘奇算经》中提出构造三阶幻方的方法:

九子斜排,上下对易,左右相更,四维挺进.戴九履一,左三右七,二四为肩,六八为足.

其具体作法如下图(图 2.2)所示:

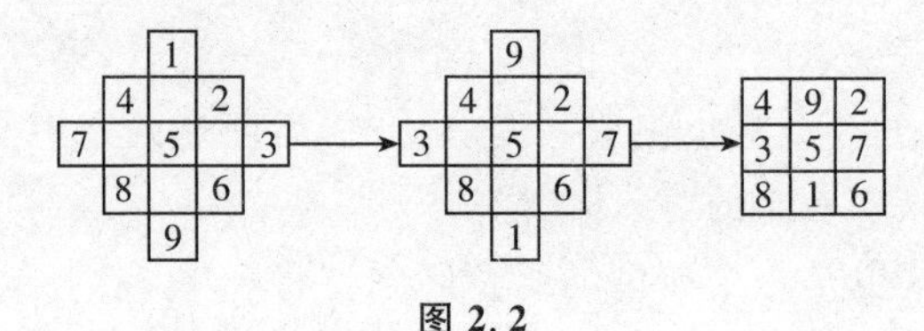

图 2.2

2. 易卦与数论的联系

易卦与整数论中的基本工具同余有联系.

设 m 是一个给定的正整数,如果两个整数 a 和 b 用 m 除所得的余数相同,则称 a 与 b 模 m 同余.记作

$$a\equiv b(\bmod m)$$

同余关系是一种等价关系,即具有性质:

(1)自反性:$a\equiv a \pmod m$;

(2)对称性:若 $a\equiv b \pmod m$,则 $b\equiv a \pmod m$;

(3)传递性:若 $a\equiv b \pmod m$,$b\equiv c \pmod m$,则 $a\equiv c \pmod m$.

全体整数可按模 m 的同余关系划分为 m 个等价类,称为模 m 的剩余类.例如取 $m=4$,则有

$$K_0=\{\cdots,-8,-4,0,4,8,\cdots\}$$
$$K_1=\{\cdots,-7,-3,1,5,9,\cdots\}$$
$$K_2=\{\cdots,-6,-2,2,6,10,\cdots\}$$
$$K_3=\{\cdots,-5,-1,3,7,11,\cdots\}$$

很明显,在同一个剩余类中任何两个数都模 m 同余;不在同一个剩余类中的任何两个数都模 m 不同余.

在模 m 的每一个剩余类中取一个数,所得的 m 元数组称为模 m 的一个完全剩余系,简称完系.

例如,对模 4 而言,{0,1,2,3}是一个完系.

可以建立易卦集中的许多同余关系.例如将易卦集按阳爻的个数分类,可以看作是对模 7 的剩余类(实际上是剩余类的子集).而下面的 7 个卦

䷁　䷗　䷒　䷊　䷡　䷪　䷀

则可看成模 7 的一个完系.

3. 易卦与概率论的联系

在古人"揲蓍成卦"的方法中,包含相当丰富的概率问题.

关于占筮的具体方法,最早的也是最权威的记载见于《系辞》:"大衍之数五十,其用四十有九,分而为二

以象两，挂一以象三，揲之以四以象四时，归奇于扐以象闰，五岁再闰，故再扐而后挂……是故四营而成《易》，十有八变而成卦……”这是一套严格的程序，对此，传统易学是这样解释的：

(1)取 50 根蓍草，去其 1，实际只用 49 根(大衍之数五十，其用四十有九).

用 R 记蓍草的实际用数，则可用数学公式表示如下

$$R=50-1=49$$

(2)将 R 任意分成两部分(分而为二以象两).

因为下一步要在一部分中去掉一根，故假设两部分中任一部分的根数不少于 2

$$R=R_1+R_2 \quad (2\leqslant R_1, R_2\leqslant 47)$$

(3)在 R_1 中去其 1(挂一以象三)

$$(R_1-1)+R_2=48$$

(4)将两份蓍草数 (R_1-1) 和 R_2 分别用 4 除，求其余数(揲之以四以象四时).

设它们的余数分别为 r_1 和 r_2，必须注意的是，当一份蓍草数用 4 除的余数为 0 时(另一份用 4 除的余数也必为 0)，则余数看作 4 不看作 0

$$(R_1-1)\equiv r_1 \pmod 4, R_2\equiv r_2 \pmod 4 \quad (1\leqslant r_1, r_2\leqslant 4)$$

(5)去掉作为余数的 r_1, r_2 根蓍草，连同原来在 R_1 中拿掉的一根，共去掉 $1+r_1+r_2$ 根(归奇于扐以象闰)

$$r_1+r_2+1=5 \text{ 或 } 9$$

$$R-(r_1+r_2+1)=44 \text{ 或 } 40$$

(6)把剩下的 44 根或 40 根蓍草合起来，称为“一变”. 将第一变后剩下的蓍草重复上述(2)～(6)的过

程.这可能出现两种情形

情形甲	情形乙
$R_1+R_2=44$	$R_1+R_2=40$
$(R_1-1)+R_2=43$	$(R_1-1)+R_2=39$
$R_1-1\equiv r_1, R_2\equiv r_2 \pmod 4$	$R_1-1\equiv r_1, R_2\equiv r_2 \pmod 4$
$r_1+r_2+1=4$ 或 8	$r_1+r_2+1=4$ 或 8
$44-(r_1+r_2+1)=40$ 或 36	$40-(r_1+r_2+1)=36$ 或 32

这叫作第“二变”.将第二变后剩下的蓍草合起来,再重复(2)～(6)的过程,这时有三种可能出现

情形甲	情形乙	情形丙
$40=R_1+R_2$	$36=R_1+R_2$	$32=R_1+R_2$
$(R_1-1)+R_2=39$	$(R_1-1)+R_2=35$	$(R_1-1)+R_2=31$
$R_1-1\equiv r_1 \pmod 4$	$R_1-1\equiv r_1 \pmod 4$	$R_1-1\equiv r_1 \pmod 4$
$R_2\equiv r_2 \pmod 4$	$R_2\equiv r_2 \pmod 4$	$R_2\equiv r_2 \pmod 4$
$r_1+r_2+1=4$ 或 8	$r_1+r_2+1=4$ 或 8	$r_1+r_2+1=4$ 或 8
$40-(r_1+r_2+1)=$ 36 或 42	$36-(r_1+r_2+1)=$ 32 或 36	$32-(r_1+r_2+1)=$ 28 或 24

这是“三变”.第三变之后,剩下的蓍草数必为 36,32,28,24 这四个数中的一个,他们都是 4 的倍数,分别用 4 除之,其商为整数,称为筮数:

$36\div 4=9 \longrightarrow$ 奇数,得阳爻“⚊”;

$32\div 4=8 \longrightarrow$ 偶数,得阴爻“⚋”;

$28\div 4=7 \longrightarrow$ 奇数,得阳爻“⚊”;

$24\div 4=6 \longrightarrow$ 偶数,得阴爻“⚋”.

当商即筮数为奇数(7 或 9)时就得到一个阳爻“⚊”;当商为偶数(6 或 8)时就得一个阴爻“⚋”.这称为“三变得一爻”.同样连续做 6 次,就得到 6 个爻,把他们依次从下到上排列起来便得到一个卦.例如,如果

6 次所得的筮数依次为 7,7,6,6,8,7,那么就得到䷨卦. 因为每得一爻,要做一次“三变”,得 6 爻要连做 6 次“三变”,共需 18 变,所以说:“十有八变而成卦”. 又因为“三变”之后,可能得到 6,7,8,9 四个不同的筮数. 如果得的是奇数 7 和 9,就决定一个阳爻;如果得的是偶数 6 和 8,就得到一个阴爻.

利用古典概率的计算方法,可分别求出出现筮数 6,7,8,9 的概率,此处从略.

揲蓍成卦的过程,还可以看成一个 6 次贝努里试验概型,它的每次试验有两种对立的结果:出现阳爻或出现阴爻,并且出现阳爻与出现阴爻的概率分别为$\frac{1}{2}$. 根据贝努里公式,出现 k 个($0\leqslant k\leqslant 6$)阳爻的卦的概率为

$$P(k)=\mathrm{C}_6^k\left(\frac{1}{2}\right)^k\left(\frac{1}{2}\right)^{6-k}=\mathrm{C}_6^k\left(\frac{1}{2}\right)^6=\frac{\mathrm{C}_6^k}{64}$$

4. 易卦与图论的联系

图论的起源可以追溯到 18 世纪欧拉(L. Euler, 1707—1783)关于哥尼斯堡七桥问题的工作开始,20 世纪中期以来,由于离散数学的作用越来越大,图论作为一门提供一种应用数学模型的学科得到了蓬勃的发展. 这里所说的图,不是函数图或几何图,而是反映一些点与线的关系的结构图.

图的抽象定义如下:

设 V 是平面上的有限点集,这些点之间连有一些线,其所成之集记为 E,则 V 与 E 合在一起称为一个图,记作 $G=(V,E)$. V 中的点称为图的顶点,E 中的

线称为图的边.顶点的个数称为图的阶,记作$|G|$.

如图 2.3 是一个 6 阶的图,它的顶点集 $V=\{A,B,C,D,E,F\}$,边集 $E=\{AF,AE,FC,BD\}$.

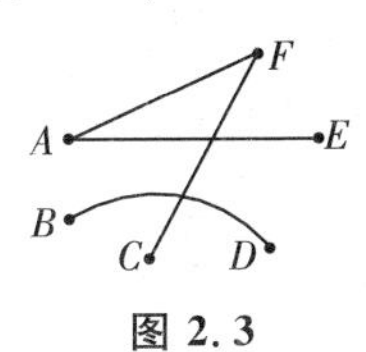

图 2.3

如果在一个图中给它的线规定了方向,则称为有向图(图 2.5).没有规定方向的图称为无向图.

在一个图中从一个顶点发出的线的条数称为该点的度.若为有向图,则以该点为出发点的线的条数称为该点的出度,以该点为终点的线的条数称为入度.

如果从一个图 G 的任何一个顶点出发,可以沿着图的边走到其他的任何一个顶点,则称 G 是连通的.如图 2.3 是不连通的,图 2.4 是连通的.

如果一个连通图 G 中没有圈则称为树.

例如图 2.4 的两个图都不是树,而图 2.6 的两个图都是树.

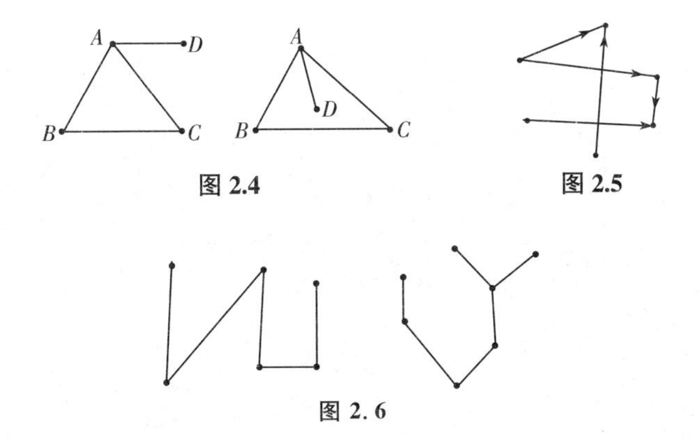

图 2.4　　图 2.5

图 2.6

一个 n 阶树恰好有 n 个顶点、$n-1$ 条线.

在做了适当的规定之后,易卦与易卦的某些组合可以与图论发生联系.

(1)取 n 个易卦,使它们中的任何两卦都不在两个(或两个以上)相同的爻位上同时有阳爻,如

䷝　䷃　䷖　䷇　䷗

A　B　C　D　E

把它们看作一个图的顶点,如果两卦之间在同一爻位上都是阳爻,就认为它们之间有连线,否则认为没有连线,上述 5 卦就构成一个图(图 2.7).

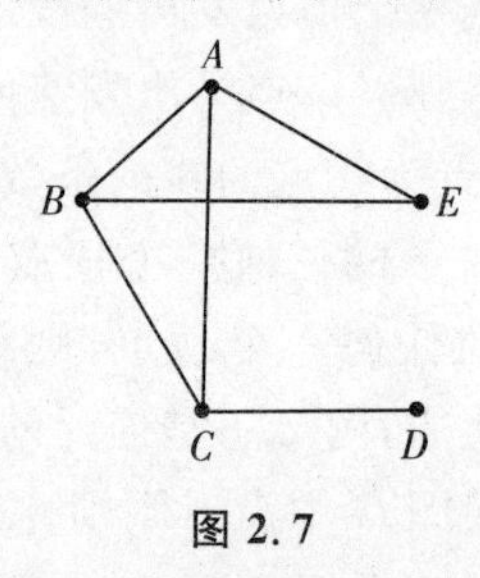

图 2.7

(2)在易卦中用"初,二,三,四,五,上"表示各爻的爻位,用"六、九"表示一个卦各爻的爻性. 如果用这 8 个字当作一个图的顶点,那就可以用一个 8 阶的图来表示一个易卦. 例如离卦䷝=(1,0,1,1,0,1)可用图 2.8(a)来表示. 该图的 8 个顶点中的两个是"六"和"九",其余顶点是"初、二、三、四、五、上"即 6 个爻位,离卦的 6 个爻是:"初九、六二、九三、九四、六五、上九",所以在初与九、三与九、四与九、上与九、二与六、五与六之间分别连一条线,在其余的点与点之间不连线,就得到图 2.8(a). 余可仿此. 离卦也可以画成图 2.8(b)那样由两个树组成的图.

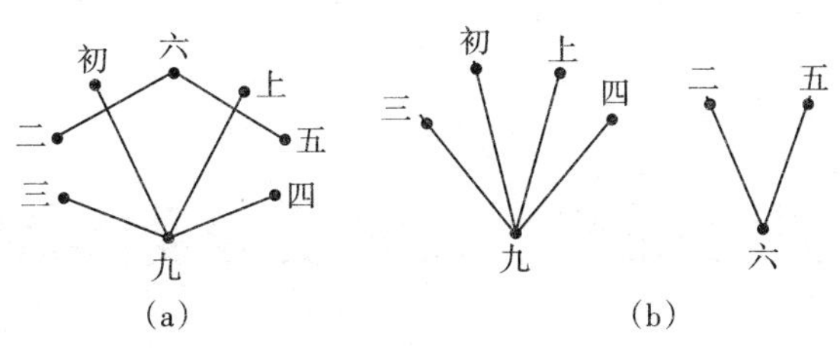

图 2.8

(3) 如果我们把太极、两仪(⚊,⚋)、四象(⚌,⚍,⚎,⚏)、八卦(☰,☱,☲,☳,☴,☵,☶,☷)当作顶点.两点之间是由一点加一爻于其上而成的,如⚌与☱,则在这两点之间连一条线;否则,两点之间不连线,则“太极生两仪,两仪生四象,四象生八卦……”的过程可以用一个 15 个顶点 14 条边的树来表示(图 2.9).

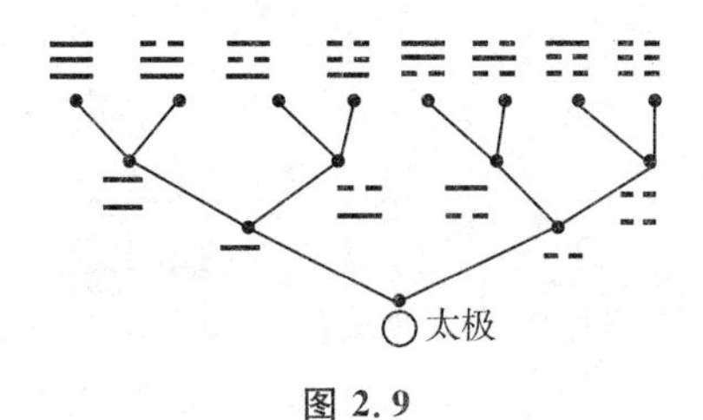

图 2.9

这样的树称为“二叉树”.

第3章 易卦与数学奥林匹克解题思想

在前两章中我们粗略地介绍了《周易》对中国古代数学的影响和《周易》与现代数学的联系，在这一章中，我们将具体地接触到一些数学奥林匹克解题思想．换句话说，我们将把一些数学奥林匹克解题思想移植到易卦中来，并借助于易卦的符号来表述；但反过来，我们也容易看到，这些思想的确是易卦本身所固有的，不能简单地看成是现代数学思想对《周易》思想的认同或附会．前面说过，本书所讨论的主要是指所谓“智力型的机智题”，这类问题的一个显著特点是，解题时不需要太多的数学预备知识，也不需要复杂的数学计算，只需要某种数学思想．没有找到解题的窍门时，对解题无从下手，有时连入门之径也找不到．但一旦找到了解题的窍门，题目就像纸老虎一样，一点就破，很容易解答．许多这类问题，利用易卦符号解答起来还是非常方便的．

第 1 节　易卦与染色思想

染色在本质上是一种分类方法，将不同类的数学对象用不同的颜色表示，使得解题时可以直观地研究这些数学对象的性质. 染色时常用的有二染色、三染色等等，简言之，把数学对象分成几类就用几种颜色，易卦的符号完全可以代替颜色使用. 如：

用阴阳二爻（“⚊”、“⚋”）可对应黑白二色；

用三个一阳卦（☳,☵,☶）可表示三种颜色；

用四象（⚌,⚍,⚎,⚏）可表示四种颜色；

……

例 1　怎样设计一条参观路线.

如图 3.1 所示，一个正方形的展览馆里有 36 间展室，有一个进口和一个出口，每两个相邻的展室之间都有门相通. 现在有一位参观者想从进口进去，从出口出来，每一间展室都参观到，但不重复. 这位参观者能达到目的吗？如果可能，请为他设计一条参观路线，如果不能，请说明道理.

此题原为匈牙利的一道数学竞赛试题，在国内外广为流传. 近 20 年来国内外出版的各种数学竞赛的读物，几乎没有不把它选作例题或习题的. 1977 年，我国恢复高考，中国科技大学首次招收了少年班学员，在招生考试中，数学试卷里就有这一试题.

解　这是一个“二染色”的典型例题. 一般都用染色方法来解. 如图 3.2，将 36 个展室依次相间地染上黑白两种颜色，则参观者无论怎样走法，从白色的展室只能走到黑色展室，从黑色展室只能走到白色展室.所以，当参观者从白色展室进口进去之后，只能按白—黑—白—黑—白……的次序前进.因此，不管参观者怎样走法，第36步只能走到一间黑色展室，决不能从白色的展室出口出去.此人的目的不能达到.

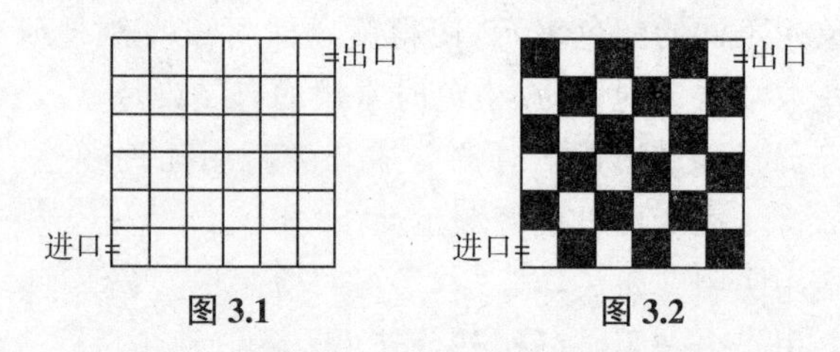

图 3.1　　图 3.2

我们可以用阳爻"⚊"代表白色，阴爻"⚋"代表黑色，分别在36个展室里依次相间地画上一个阳爻或一个阴爻.同样可以证明：参观者决不能从阳爻的展室入口，不重复地走遍36个展室，又从阳爻的展室出来.

我们再看第二届全国初中数学通讯赛的一道试题：

例 2　用瓷砖铺地问题.

用15块大小是4×1的矩形瓷砖和1块大小是2×2的正方形瓷砖，能不能恰好铺满一块8×8的地面？

本题的答案是不存在符合题设要求的铺法.

证法 1　如图3.3，以两格为间隔，依次放上阳爻和阴爻，显然，地面上共放阳爻、阴爻各32个.

每一块4×1的瓷砖无论是横放或直放，也无论放在何处，总是盖住两个阳爻和两个阴爻，当用任何方式铺下15块4×1的瓷砖后，剩下的地面上一定放着两个阳爻和两个阴爻.但一块2×2的瓷砖不管放在何

处，总是盖住 3 个阳爻和 1 个阴爻，或者 3 个阴爻和 1 个阳爻. 所以用一块 2×2 的瓷砖无论如何也盖不住剩下的两个阳爻和两个阴爻. 这个矛盾证明了本题所要求的铺法不存在.

证法 2　如图 3.4，把"四象"依次填入 64 个方格，使得与主对角线平行的斜线上总是相同的"象"，每行都是"四象"各 2 个. 所以整个平面上"四象"各有 16 个. 不论如何放置一块 4×1 的瓷砖，总是盖住 4 个不同的象各一个，而一块 2×2 的瓷砖盖住的 4 个象中，与主对角线平行的斜线上的两象总是相同的. 即一块 2×2 的瓷砖无论如何也盖不住 4 个不同的象. 当 15 块 4×1 的瓷砖铺下后，恰好盖住 4 种不同的象各 15 个，剩下 4 种象各一个，不可能用一块 2×2 的瓷砖盖住.

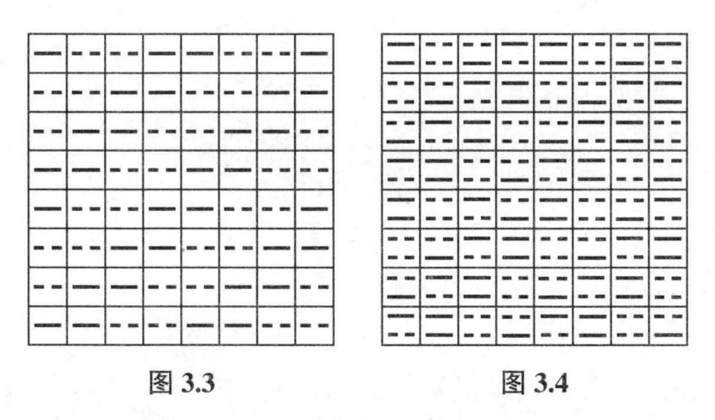

图 3.3　　　　图 3.4

这个问题仍是染色问题. 不过它可以用"二染色"和"四染色"两种方法来解.

第 2 节　易卦与映射思想

数学中在解决某些计数问题时，常常通过映射，使用配对方法来间接计算.

设有 A,B 两个有限集合,现在要计数集合 A 中元素的个数 $|A|$,但直接计算有困难,于是找到另一集合 B,有一种办法可以将 A 的元素与 B 的元素一一配对,换言之,在集合 A 与 B 之间可以建立一一映射的关系,而集合 B 的元素个数 $|B|$ 易于计数,那么只要计数出集合 B 的元素个数 $|B|$ 之后,集合 A 的元素个数 $|A|$ 也知道了,因为有 $|A|=|B|$.

由于易卦集的个数很有规律,3 爻卦有 2^3 个,6 爻卦有 2^6 个,一般地,n 爻卦有 2^n 个.有些数学竞赛中的计数问题可以将要计数的集合与易卦集之间建立映射关系,借助于计数卦的个数来解决原来的计数问题.

例 3 完成寒假作业的方案.

学校给小明布置了 7 道寒假作业,每天至少完成一道,有多少种不同的方式完成作业?

本题的答案是一共有 64 种方式.

解 每一种安排作业的方式都可以用一个卦来表示.例如:若小明的作业分 4 天做完,第一天做 2 道,第二天做 1 道,第三天做 3 道,第四天做 1 道.那么我们就可以画一个这样的卦和它对应:

第一天做完了 2 道,第 2 爻画阳爻;

第二天共做完 $2+1=3$ 道,第 3 爻画阳爻;

第三天已做完 $2+1+3=6$ 道,第 6 爻画阳爻.

其余的第 1、第 4、第 5 都取阴爻,则得到一个卦,即蛊卦䷑.

反过来,任给了一个卦,例如小过卦䷽:

因为第 1 个阳爻在第 3 爻,安排第一天做 3 道;第 2 个阳爻在第 4 爻,第二天应做 1 道题($3+1=4$),以

后再没有阳爻，即剩下的 3 道题在第三天全部做完.

由此可知，安排作业的方式与易卦有一一对应的关系，易卦共有 $2^6=64$ 个，所以，共有 64 种不同的完成作业方式.

这道题与我们在引论中介绍的剧团需要准备多少剧目的问题类似，本质上仍是求 6 元集的子集数问题. 把 7 道题写成一行

① ② ③ ④ ⑤ ⑥ ⑦

在 7 道题之间有 6 个空隙，在 6 个空隙中任取若干个，在其中画一条短线，就把 7 道题分成了若干段，每天完成一段，就决定了一种完成作业的安排方式. 例如

① ②/③ ④ ⑤/⑥/⑦

表示这样一种安排方式：

7 道题分 4 天完成，第一天做 2 道，第二天做 3 道，第三天和第四天各一道.

如果把 6 个空隙当作一个卦的 6 个爻位，当空隙中画有短线时，该爻位就取阳爻；当空隙中没有短线时，该爻就取阴爻，便得一易卦.

例 4　放小球入盒的方法.

把 100 个小球放进 5 个编了号的盒子中，有多少种不同的放法？（不允许有空盒子）

解　把 100 个小球排成一列，如图 3.5，100 个小球之间有 99 个空隙，取一个乾卦，将其初爻置于最下方，上爻置于最上方，中间 4 爻任意插入 99 个空隙之中，每两个爻之间相当于一个盒子，从下到上依次是 5 个编号为 1，2，3，4，5 的盒子. 夹在两爻之间的小球个数相当于放在这个盒子

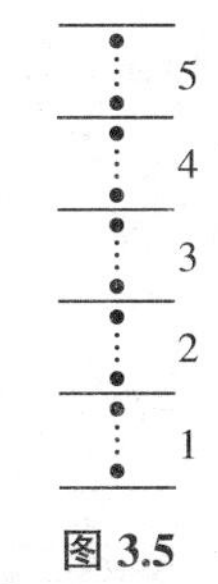

图 3.5

里的小球个数.

由此可见,每一次将中间4爻插入99个空隙的任意4个之中,就对应着一种把100个小球放进5个盒子中的方法数.反过来也一样.

所以,把100个球放入5个编了号的盒子中去的方法数,就等于99个元素中取4个的组合数(99爻卦中4阳爻卦的个数),根据组合公式不难计算出

$$C_{99}^{4}=\frac{99\times98\times97\times96}{4\times3\times2\times1}=3\ 764\ 376$$

即把100个球放入5个编了号的盒子中的方式数为3 764 376种.

例5 取黑球与取白球.

将n个完全一样的白球与n个完全一样的黑球装进一个布袋,然后把它们一个一个地摸出来,直至取完.在取球过程中,至少有一次取出的白球比取出的黑球多的取法有多少种?

解 如果取到一个白球,就画一个阳爻,取到一个黑球就画一个阴爻,按取球的次序从下到上排列起来,就得到一个$2n$爻的卦,这个卦中有n个阳爻和n个阴爻

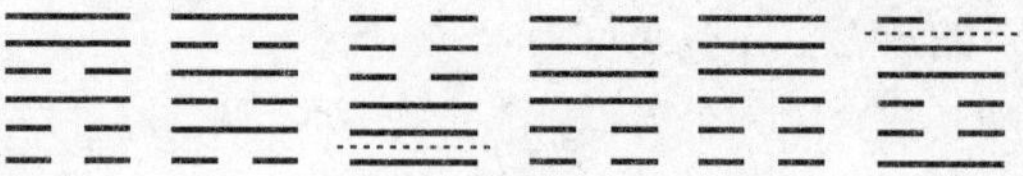

A B C D E F

如果是合乎本题要求的摸球法,一定可以在卦中画一条线,使线下的各爻中,阳爻比阴爻多一个,如C卦画在第一与第二爻之间,F卦画在第五爻与第六爻之间,不满足条件的摸球方法就一定画不出这样的线,如A,B,E卦.

现在任取一个满足条件的摸球方法，设对应的卦为 A. 在第三爻和第四爻之间画一条线，则线下阳爻比阴爻多1个，线上阴爻比阳爻多1个. 将线上的爻都改变爻性，线下的爻保持不变，得到卦 B，B 卦中无论是线上或线下阳爻都比阴爻多1个，所以 B 卦有 $n+1$ 个阳爻，$n-1$ 个阴爻

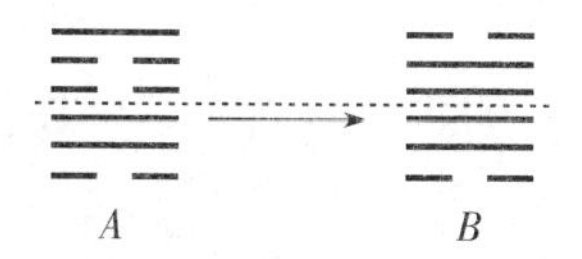

不难看到，从 A 映射到 B，是一一对应，所以满足条件的摸球方法数等于 A 型卦的个数，也就是等于 B 型卦的个数. B 型卦的个数是在 $2n$ 个爻中取 $n+1$ 个阳爻的方法数，共有 C_{2n}^{n+1} 个. 所以，有 C_{2n}^{n+1} 种满足条件的摸球方法.

第3节　易卦与赋值方法

与染色、映射一样，赋值方法也是数学竞赛中常用的方法.

某些数学对象本身并没有数量关系，为了推导这些对象之间的一些性质，常常将它们与某些特定的数值相对应，通过对数量的计算来推导对象的性质.

易卦思想与赋值方法之间的联系也是多种多样的，例如：

1. 用阳爻对应1，阴爻对应−1，按照第2章第3节关于“同性相乘得阳，异性相乘得阴”的乘法进行运算.

2. 用阳爻对应1，阴爻对应0，按布尔代数的运算法则(第 2 章第 3 节)进行运算.

3. 把阳爻当作算筹,按普通运算法则计算.

4. 把易卦对应二进数.

……

许多数学问题都依靠赋值方法找到解题途径.

例 6 能不能翻转所有的茶杯.

7 只茶杯,口全朝下,允许每次将其中 4 只翻转,称为一次“操作”. 能否通过若干次操作,将茶杯全部变成口朝上?

解 不能. 茶杯分为口朝上和口朝下两种状态. 如图 3.6,我们用阳爻“—”来表示口朝上的状态,用阴爻表示口朝下的状态.

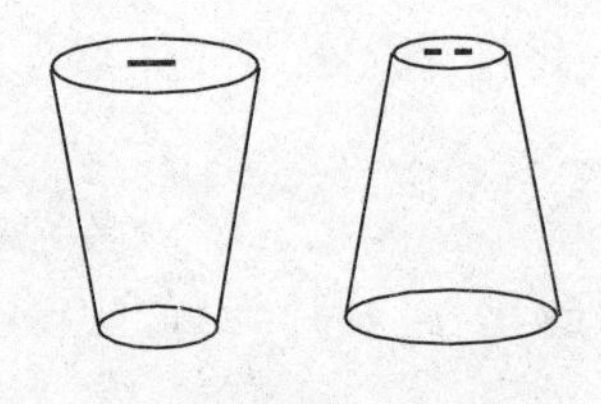

图 3.6

按照第 2 章第 3 节的定义,我们给两仪之集 $A=\{—,--\}$ 定义一个乘法如下

×	—	--
—	—	--
--	--	—

即“同性得阳,异性得阴”.

开始时 7 只茶杯的口都朝下,它们的状态都是阴爻,把它们相乘,其积仍为阴爻

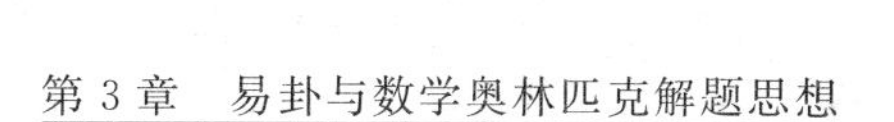

- -×- -×- -×- -×- -×- -×- -=- -　　(∗)

与有理数乘法的符号法则一样，改变一个乘积中偶数个因子的符号，乘积的符号不变. 改变乘积(∗)中偶数个因子的爻性，乘积的爻性不变，仍为阴爻. 因此，不管操作多少次，7 个杯子的状态的乘积仍保持为阴爻“- -”.

但 7 只杯子口都朝上时，7 个状态都是阳爻，它们的乘积是

—×—×—×—×—×—×—=—　　(∗∗)

从式(∗)无法通过有限次操作得到(∗∗)，所以总不可能使 7 只茶杯的口都朝上.

本题为某国的一个数学竞赛试题，通常的解法是用 1 和 −1 两个数赋值.

例 7　物不知数问题.

一个正整数用 3 除的余数为 2，用 5 除的余数为 3，用 7 除的余数为 2. 问满足这一条件的最小正整数是多少?

解　满足题设的最小正整数是 23.

我们取 7 个 3 爻的乾卦☰，排成一行

☰　☰　☰　☰　☰　☰　☰

显然，当我们把每一个爻当作 1，则这些卦的爻数既是 3 的倍数，又是 7 的倍数. 但用 5 除的余数为 1. 所以，我们只要在上面 7 个卦后再加上两个阳爻，就得到符合题设条件的最小正整数 23

☰　☰　☰　☰　☰　☰　☰　⚌

注　这是我国古代数学名著《孙子算经》中的著名问题. 原题是：

“今有物不知其数. 三三数之剩二；五五数之剩三；

七七数之剩二.问物几何?”

这是一个一次同余式组问题.即

$$\begin{cases}x\equiv 2(\bmod 3)\\ x\equiv 3(\bmod 5)\\ x\equiv 2(\bmod 7)\end{cases}$$

我国宋朝数学家秦九韶得出了解一次同余式组的方法,秦九韶称它为“大衍求一术”.一般称为“孙子定理”.国外称为“中国剩余定理”.

《孙子算经》提供的具体算法(没有提到算法的理论根据)是:

“三三数之剩二,置一百四十;五五数之剩三,置六十三;七七数之剩二,置三十.并之,得到二百三十三,以二百一十减之,即得.凡三三数之剩一,则置七十;五五数之剩一,置二十一;七七数之剩一,则置十五.一百六以上,以一百五减之,即得”.

明朝数学家程大位把这个算法用一首通俗的歌诀来表示:

三人同行七十稀,五树梅花廿一枝.

七子团圆正半月,除百零五便得知.

现在我们就用本题来说明这个算法:

用3除的余数为2,将2乘以70,得140;

用5除的余数为3,将3乘以21,得63;

用7除的余数为2,将2乘以15,得30.

把140,63,30三个数相加,得233.因为和大于105,再减去105的2倍210,即得23.

例8 19个队参加篮球循环赛,已知每一个队都已至少赛过13场.证明一定有4个队已经互相比赛过.

证 我们画一个19爻的卦,代表19支球队,最下

的第一支是阳爻，设它代表球队 A. 凡与 A 比赛过的队都用阳爻，未赛过都用阴爻. 在卦中删除阴爻后，至少还剩 14 个阳爻(图 3.7).

现在设第二爻代表球队 B，①中凡与 B 比赛过的仍保留为阳爻，未与 B 赛过的改为阴爻，因为每队都已赛 13 场，至多有 5 队未与该队比赛，故至多有 5 个阳爻变成了阴爻，删除后在 A，B 之上至少还有 7 个阳爻.

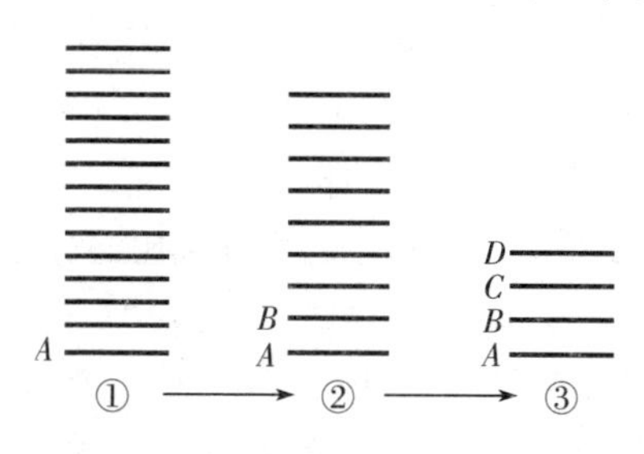

图 3.7

再在②中取第三爻 C，凡未与 C 比赛过的阳爻都改为阴爻而删去，最多再删去 5 爻，至少在 C 之上还剩下一爻，记为 D.

A，B，C，D 这 4 个队显然都已经互相比赛过.

注　本题是一个"图论"问题. 用图论的语言来叙述就是：在一个有 19 个顶点的图中，每一个顶点至少与 13 条边相连. 证明图中一定存在一个完全四边形.

例 7 与例 8 都是把阳爻当作算筹使用的赋值例题.

第 4 节　易卦与二进数方法

数学竞赛试题有不少是可以借助二进数思想来解答的. 易卦既然与二进数有同构关系，因此在数量不太大的情况下，用易卦来代替二进数解题，不仅是可行的,而且因为卦具有直观性,对解题更有帮助.

二进数有许多特殊的性质,数学竞赛中有一类操作变换问题,它们的变化过程常常可以通过二进数的运算来控制其变化. 如下面的例10关于抓石子的问题,在数学中都是借助二进制来解决的,利用易卦就起着数形结合的作用.

例9 阿凡提巧分金链.

国王宣布要赐给阿凡提一条由7个环组成的金链,但规定阿凡提只可以切断其中一环,然后每天必须拿走一环,也只许拿走一环,7天取完. 否则不但得不到金环,还要受处罚. 请问聪明的阿凡提有办法取走金环吗?

解 阿凡提只要切开第三环,使7个环变成三节,一节1环、一节2环、一节4环,就可以达到目的(图3.8).

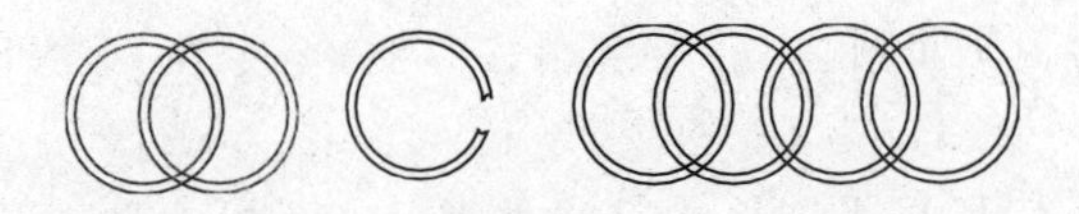

图 3.8

解决这一问题的另一想法是利用二进数,我们知道1~7的整数都可以用不超过三位的二进数来表示,每个数位上的值分别是$1,2^1,2^2$,每位的数字只有0与1两种,所以只要有$1,2^1,2^2$的三节环,用取与不取来表示各数位上的数字1与0,则一定可以每天恰好取得一环. 通过易卦可以直观地表示出来.

事实上,我们用3个三爻卦☳,☵,☶分别表示1,2,4. 将1,2,3,4,5,6,7化为二进数,一定可用☳,☵,☶ 3个卦表示出来. 每天恰好取走一环的方法如下表:

天数	阿凡提取走的	留在国王处的
1	☳	☵ ☶
2	☵	☳ ☶
3	☳ ☵	☶
4	☶	☳ ☵
5	☳ ☶	☵
6	☵ ☶	☳
7	☳ ☵ ☶	

例 10　怎样才能立于不败之地.

桌上摆有 5 堆小石子,两人轮流来取.每人每次可以从任一堆中取走 1 粒或多粒石子,但不许不取也不许从几堆中取.问参加游戏者采取什么样的策略,才能使自己立于不败之地?

解　在解答这道问题之前,我们先介绍奇型或偶型的概念.

任取 n 个易卦(可以有若干个相同),整齐地排成一行,例如(这里取 n=5)

䷾ ䷸ ䷊ ䷼ ䷄　2 4 0 4 4 4　(1)

卦右侧标的数字 4,4,4,0,4,2 是各个爻位上阳爻的个数.即第一爻位上有 4 个阳爻,第二爻位上有 4 个阳爻,……,第六爻位上有 2 个阳爻.我们把这 6 个数称为(所取 5 卦的)特征数组.

若特征数组中的 6 个数全是偶数,则称这个 5 卦组为偶型;若 6 个特征数至少有一个是奇数,则称这个 5 卦组为奇型.

对于任何一个偶型 5 卦组,将其中一卦改变成另一卦,就一定变为奇型.因为把一个卦变成另一卦时,至少有一个爻位上的爻性改变了,使得在这个爻位上或者增加一个阳爻,或者减少一个阳爻,从而导致这一爻位上的特征数增加 1 或减少 1,都从偶数变为奇数.于是新的特征数组中至少有一个奇数,从而变为奇型.例如,我们将(1)列举的 5 卦组的第 5 卦䷄换成䷼,就成为

䷾　䷸　䷊　䷼　䷼　3 4 0 3 4 4　(2)

新的第 5 卦的第 3 爻和第 6 爻的爻性变了,相应的特征数也由偶数变为奇数,所以新的 5 卦组变为奇型.

至于一个奇型的 5 卦组,换掉其中一卦,并不能保证它变为偶型,但总有一种办法把其中一卦换成另一个特定的卦,使卦组变为偶型.例如,(2)是一个奇型 5 卦组,我们先找到特征数是奇数的最高爻位.在(2)中是第 6 爻位.由于这一爻位上的阳爻个数是奇数,必然有一个卦在这个爻位上是阳爻,如(2)中的第 2 卦,其第 6 爻就是阳爻,我们就将这一卦换掉.换的具体方法是:看哪些爻位上的特征数是奇数,将这些爻位上的爻性改变,即将这些爻位上的阳爻变为阴爻,阴爻变为阳爻,就得到一个新卦.例如,就(2)中第 2 卦而言,因特征是奇数的爻位有第 3 爻和第 6 爻,将这两爻的爻性改变

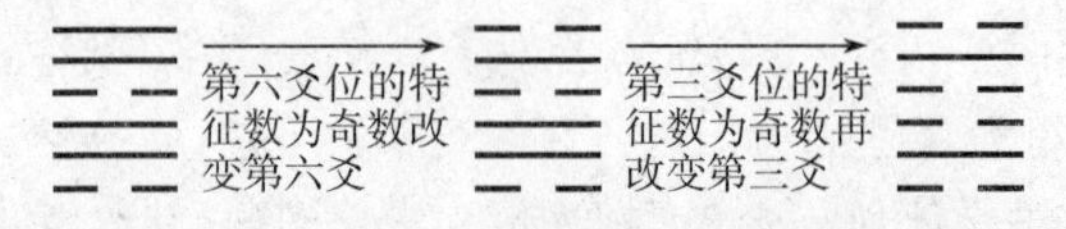

将新卦䷆换掉䷸，便得到一个新 5 卦组

(3)

因为换卦后使得原来为奇特征数的爻位上都增加或减少了一个阳爻，相应的奇特征数都变成了偶数；而原来为偶特征数的爻位上没有改变爻性，仍保持为偶数. 所以，全部特征数都变成了偶数.

综上所述，可知：

(1)对于偶型 5 卦组，改变其中任一个卦都将变成奇型 5 卦组；

(2)对于奇型 5 卦组，则可以按上面所说的操作(以下简称操作)改变其中一卦，使之变成偶型组.

有了偶型和奇型的概念，就可以回答如何保持不败的问题了. 为方便计，不妨碍一般性，设开始 5 堆石子数为 42，27，56，51，58，把它们写成 6 位的二进数(如位数不到 6 位可在前面加 0)便得到

101010，011011，111000，110011，111010

这 5 个二进数对应一个 5 卦组

2 4 0 4 4 4

(4)

这是一个偶型组. 当然，如果开始时 5 堆石子的数量不同，也可能相应的 5 卦组是奇型的.

总之，当 5 堆石子的数目确定之后(只要每堆最多不超过 63 粒)，就对应一个 5 卦组，这个 5 卦组或者是偶型，或者是奇型.

当石子取完时，对应的 5 卦组应是

 (5)

它显然是一个偶型.

当游戏者面临一个偶型组时,他从一堆中取走若干粒石子,相当于该堆石子所对应的卦变成了另一个卦,根据前面的结论,他总得到一个奇型组.

因为面临偶型组的人总不能取一次石子后就得到偶型组,所以他不能将石子取完.

当游戏者面临一个奇型组时,按前面的结论,总可以通过一次"操作",改变其中一卦,使之变为偶型.由于"操作"时最高的爻位总是由阳爻变为阴爻,所以新卦所对应的二进数总比原卦所对应的二进数小.游戏者总可以从相应的堆中取走若干粒石子使原卦变成新卦,从而得到一个偶型.

至此,我们就得出了使自己立于不败之地的策略:只要自己每次取完石子后都留给对手一个偶型组.

因此:

(1)当5堆石子开始的状态为偶型组时就让对手先取,他取后留下一个奇型.自己再按"操作"从一堆中取走若干粒,使之重新变为偶型.如此继续,总让对手面临偶型组,留下奇型组;自己则总是面临奇型组,留下偶型组.由于每取一次都至少减少一粒石子,最后自己必然得到组(5),即取走最后一粒石子.

(2)若开始时5堆石子的状态是奇型组,则争取自己先取,通过一次"操作",使之变为偶型组.形势就转化为(1),从而使自己获胜.

注 本题石子的堆数增多或减少,解答不需做任

何改变，只考虑它是奇型组还是偶型组即可. 如果各堆的石子数超过 63，在本质上不需改变，只是要用爻数更多的卦，如“7 爻卦”“8 爻卦”等.

第 5 节　易卦与奇偶性分析

通过对整数的奇偶性分析而获得解题突破的技巧，称为奇偶性分析. 在数学竞赛试题中，需要利用奇偶性分析来解的题目出现频繁，是历年命题的热点. 这一技巧与染色、赋值、映射等技巧都有密切联系. 有些奇偶分析可利用易卦来处理. 如用阳爻表示奇数，阴爻表示偶数. 或用有奇数个阳爻的卦表示奇数，有偶数个阳爻的卦表示偶数等等.

例 11　数学教育国际讨论会的问题.

1984 年在数学教育国际讨论会上，一位英国学者提出了这样一个问题：

在一个 4×6 的方格盘中，要在其中 18 个方格内放下 18 个奶瓶. 每格内放一个，但要求每行、每列内放置的奶瓶数都是偶数，问应如何放？

解　本题若直接试探将 18 个奶瓶逐一放入试验，不仅麻烦且易顾此失彼，可以换一角度考虑.

在一个 4×6 的方格盘中，选取 6 个方格打上记号，在其中不放奶瓶，并且使打记号的方格在相应的行列中都是偶数.

我们用 3 个有两个阳爻的 3 爻卦排在一起，每个爻位上都恰有两个阳爻即可. 例如下面 3 个卦就可以了

☴　　☲　　☱

我们只要把这 3 个卦放在方格盘中任何一个 3×

3 的方格内,每个方格内放一爻,阳爻"—"就当作不放奶瓶的记号.例如,下面就是一种可行的打记号法:

—	—	- -			
—	- -	—			
- -	—	—			

例 12　七座桥的故事.

18 世纪,东普鲁士有个叫哥尼斯堡的城市(现名加里宁格勒,属立陶宛共和国),城内有一条大河,河中有两个小岛,全城有 7 座桥将河的两岸和河中两个小岛像图 3.9 那样连接起来.当时那里的居民都热衷于解决一个难题:一个散步者怎样从一块陆地出发,走遍 7 座桥,每座桥都只经过一次,不得重复,然后回到出发点.

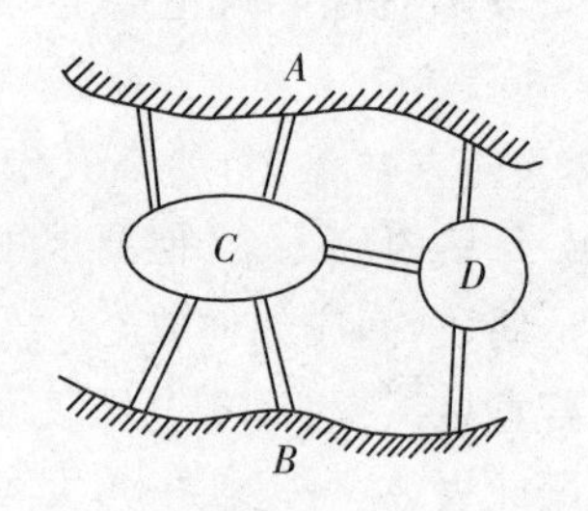

图 3.9

当时有许多人去试验,但都毫无结果.于是有人向当时著名的数学家欧拉求教,欧拉在 1736 年证明了:这样的走法是不存在的.

这就是数学史上有名的"七桥问题".

请你证明,这样的走法为什么不存在.

证　用 4 个小圆圈代表 4 块陆地,用圆与圆之间

的连线代表桥，就得到图3.10那样的一个图．A,B,D 3块陆地都与3座桥相连，就在小圆圈内放一个3个阳爻的卦，C 处有5座桥相连，则放一个5个阳爻的卦．于是，每座桥的两端分别联系两个阳爻．

现在设想散步者不管从哪块陆地走到另一块陆地，凡经过一座桥，就对该桥两端的卦分别把一个阳爻改成阴爻，并把桥“拆”去．例如当散步者从 D 到 B 后，则图3.10变成图3.11．考虑一块陆地如果不是起点或终点的话，当散步者从任何一桥到达该点，该处的卦就消去一个阳爻；又因为此处不是终点，他必须从另一桥离去，离去时又消掉一个阳爻．一进一出，总是成对地消去阳爻，最后变为剩下一个阳爻(因为各处都只有奇数个阳爻)．这意味着与这块陆地连接的桥只剩一座．如果再进来，“拆”掉此桥，就无法离开．如果不进来，这座桥就未走到．所以，放有奇数个阳爻的卦的任一块陆地都不能作为中间点，只能做起点或终点．起点和终点最多只有两个，但在“七桥问题”中，A,B,C,D 4块陆地都放的是有奇数个阳爻的卦，都必须做起点或终点，这是不可能的．这个矛盾就证明了所要求的走法是不存在的．

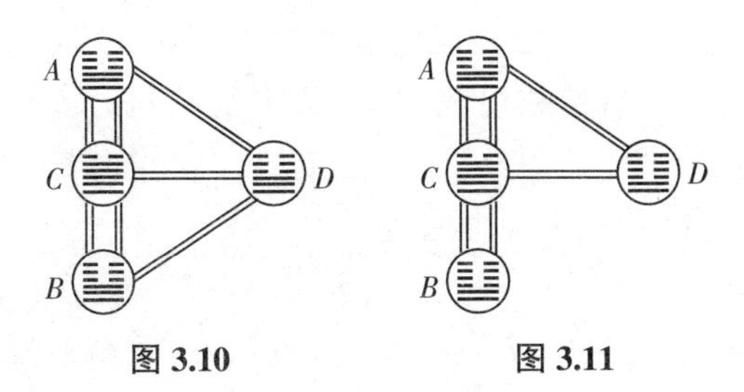

图3.10　　图3.11

注　这个问题是所谓“一笔画”问题．“七桥问题”

的证明提供了一个判断图形能不能一笔画的方法. 在一个图中,凡与奇数条线相连的点叫奇点;与偶数条线相连的点叫偶点. 如图 3.12(a)中,A,C,D 三点都与 2 条线相连,B,F,E 都与 4 条线相连,所以都是偶点. 但在图 3.12(b)中,G,I,M,N 与 2 条线相连,K 与 4 条线相连,都是偶点;J,P,L,H 都与 3 条线相连,都是奇点.

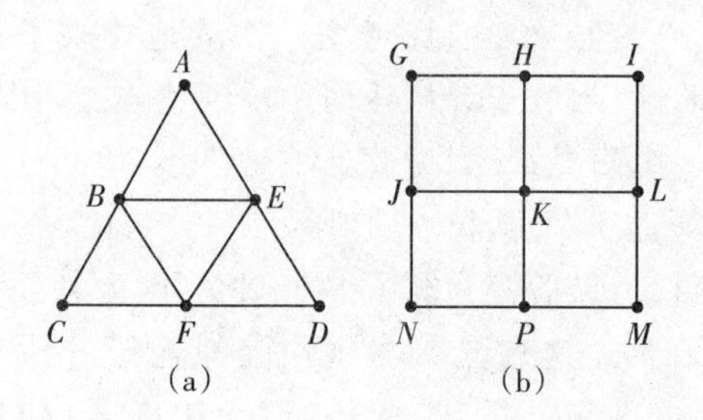

图 3.12

一个连通图可以一笔画的充要条件是:

图中的奇点不多于两个,并且奇点只能作为起点或终点.

图 3.12(a)中没有奇点,故可以一笔画;而图 3.12(b)中有 4 个奇点,所以不能一笔画.

例 13 自然数组成的数列.

用 n 个自然数组成一个(可重复的)长为 N 的数列,且 $N\geqslant 2^n$. 证明:可以在这个数列中找出若干连续的项,它的乘积是一个完全平方数.

证 设给定的 n 个数是$\{a_1,a_2,\cdots,a_n\}$. 作出的数列是 $b_1,b_2,\cdots,b_N,b_i\in\{a_1,a_2,\cdots,a_n\}$. 现在根据$\{a_1,a_2,\cdots,a_n\}$和$\{b_1,b_2,\cdots,b_N\}$来造一个 n 爻的卦 $V_i(i=1,2,\cdots,N)$:

若 $a_k(k=1,2,\cdots,n)$ 在 $b_1,b_2,\cdots,b_N$ 的前 i 个 $b_1,b_2,\cdots,b_i$ 中出现了奇数次，则 V_i 的第 k 爻用阳爻，若出现了偶数次，则第 k 爻用阴爻.

例如，取 $n=3,N=9>2^3$，数列 $B=\{b_1,b_2,b_3,\cdots,b_9\}$ 是 $\{a_3,a_2,a_1,a_1,a_3,a_2,a_3,a_3,a_2\}$，利用 $\{B\}$ 可作出 9 个 3 爻卦 $V_i(i=1,2,\cdots,9)$.

这 9 个卦 V_i 是这样得来的：

例如 V_3 因为数列 $\{B\}$ 的前 3 项是

$$a_3,a_2,a_1$$

在这 3 项中，a_1 出现了 1 次是奇数，所以第一爻是阳爻，同理，因 a_2 出现了 1 次，第二爻是阳爻，a_3 出现了 1 次，第三爻也是阳爻. 所以 V_3 就是乾卦☰.

再看 V_7，因为数列 $\{B\}$ 中的前 7 项是

$$a_3,a_2,a_1,a_1,a_3,a_2,a_3$$

a_1 出现了 2 次是偶数，a_2 出现了 2 次是偶数，a_3 出现了 3 次是奇数，所以 V_7 的第一爻、第二爻是阴爻，第三爻是阳爻，所以 V_7 就是艮卦☶.

显然，若 V_i 中有一个坤卦，它的 n 个爻都是阴爻. 那么在数列的前 i 项中，$a_1,a_2,\cdots,a_n$ 都出现了偶数次，它们的积就是一个平方数.

若 V_i 中没有坤卦，因 V_i 有 N 个，$N\geqslant 2^n$，V_i 是 n 爻卦，不同的卦除掉坤卦后只有 2^n-1 种，所以 V_i 中必有两个是相同的. 不妨设，V_i 与 V_j 相同$(i<j)$，则在数列 $\{B\}$ 中，任一 a_k 在 $b_1,b_2,\cdots,b_n$ 与 $b_1,b_2,\cdots,b_i,b_{i+1},b_{i+2},\cdots,b_j$ 中出现次数奇偶性相同，那么在 $b_{i+1},b_{i+2},\cdots,b_j$ 这些项中，a_k 都出现偶数次. 所以这 $j-i$ 项的乘积就是平方数. 命题证完.

第6节　易卦与图论思想

图论问题在数学竞赛试题中出现频繁. 在第2章第5节中,我们简单地介绍了一下易卦与图的联系.

利用易卦解图论题时,常用的方法是:用一组 n 爻的 n 个卦表示有 n 个顶点的图,当顶点 i 与 j 有连线时,就将第 i 卦的第 j 爻取阳爻,当 i 与 j 两个顶点不连线时,就将 i 卦的第 j 爻取阴爻. 这 n 个卦就代表一个 n 顶点的图,分析图中阳爻的数量和分布规律可获得某些解题途径的启示.

例 14　循环赛中的"三怕"现象.

一次有 $n(n\geqslant 3)$ 名选手参加的循环赛,每对选手赛一场,没有平局,且无一选手全胜. 证明:必有3名选手 A,B,C,使得 A 胜 B,B 胜 C,C 胜 A.

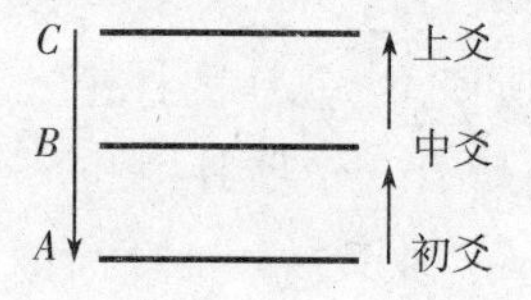

证　用一个3个阳爻的乾卦表示初爻胜中爻,中爻胜上爻,上爻胜初爻的情况.

因为 n 名选手必有胜局最多的选手 B(或胜局最多的选手之一). 取 B 作中爻,因 B 未能全胜,故有战胜 B 的选手 A,取 A 作初爻. 考虑被 B 战胜的选手中,必有1人战胜过 A. 否则,B 战胜过的选手都被 A 战胜,且 A 又胜 B,那么 A 至少比 B 多胜一场. 与 B 为胜局最多者的假设相矛盾,故被 B 战胜的选手中必有 C,C 战胜了 A,取 C 为上爻. 于是便得到了所要求的3

个阳爻的卦. 即存在 A,B,C 3 名选手，使 A 胜 B，B 胜 C，C 胜 A.

注　本题也可以这样来选取 A,B.

因为没有任何一名选手全胜，故最多的也只能胜 $n-2$ 场，n 名选手中获胜的场次只有 $0,1,\cdots,n-2$ 等 $n-1$ 种情况，必有 2 人获胜的场次相同. 但这两人不可能同胜 0 次. 此两人比赛一局，没有平局，必有一人获胜. 故可设 A,B 二人获胜的场次相同，并且 A 胜 B. 则可取 A 作初爻，B 为中爻，被 B 战胜的选手中必有战胜 A 的 C，取 C 作上爻即可.

例 15　淘汰赛比赛的场次.

100 名乒乓球运动员参加比赛，比赛采用淘汰制，即把运动员两两分组进行一场比赛，负者被淘汰，胜者进入第二轮. 再把进入第二轮的运动员两两分组，负者被淘汰，胜者进入第三轮. 如此继续. 若遇到某一轮的运动员为单数，则令其中一名运动员轮空，直接进入下一轮. 最后决出冠军. 问一共要进行多少场比赛？

解　考虑"太极生两仪，两仪生四象，四象生八卦……"的过程(图 3.13)：

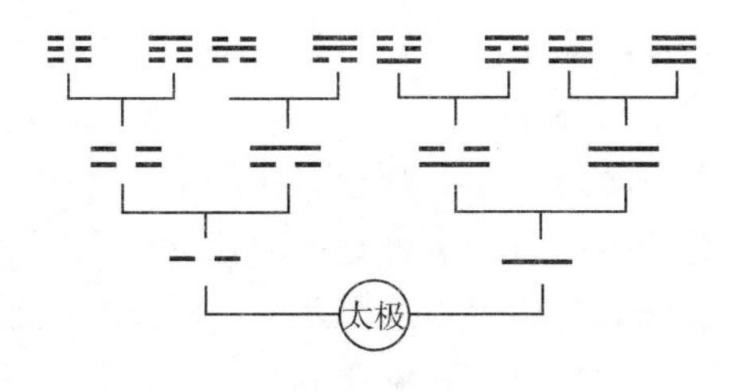

图 3.13

这个过程往上"生"几层，就得到一些几爻的卦. 现在把这个过程倒转来看，用这些卦代表运动员，两个

“同根”的卦进行一场比赛，阴爻多者为负，被淘汰；阳爻多者为胜，进入下一轮，并去掉最上的一爻.如此继续，直至太极就决出冠军.由这个过程可知，凡有阴爻的卦，都被淘汰，每淘汰一卦恰好要进行一场比赛.100个卦中(7爻卦共有128个，其余28卦可以一视同仁地淘汰下去，最后不计这些“运动员”被淘汰的比赛场次)只有一卦没有阴爻，其余99卦均被淘汰，所以要进行99场比赛.

显然，本题可推广到n名运动员的情况，n名运动员参加比赛，需进行$n-1$场比赛.

第7节　易卦与其他解题思想

数学奥林匹克中还有一些问题，如古典概率问题、同余问题、逻辑问题、对策问题、操作变换问题等，有时也可利用易卦思想来解，下面再举几个简单的例子，说明易卦思想方法在解这些问题时如何应用.

例16　三位老师的课程表.

在一个年级里，甲、乙、丙三位老师分别教数学、物理、化学、生物、语文、历史.每位老师教两门课.已知：

(1)化学老师与数学老师住在一起；

(2)甲老师是三位老师中最年轻的；

(3)数学老师与丙老师是一对优秀的象棋手；

(4)物理老师比生物老师年长，比乙老师又年轻；

(5)三人中最长者住家比其他两位远.

解　我们用一个卦的6个爻从下到上依次表示数学、物理、化学、生物、语文、历史6门课程，若某老师教哪门课，则将那一爻取阳爻，不教哪门课，则将那一爻

取阴爻. 暂时还不能判明的则用变爻符号“×”表示，于是，每一位老师都对应一个 2 阳爻的卦. 而且 3 个卦的 6 个阳爻都分布在不同的爻位上. 根据条件(1)～(5)，可逐步画出 3 个卦.

我们先看最年长者是一个怎样的卦?

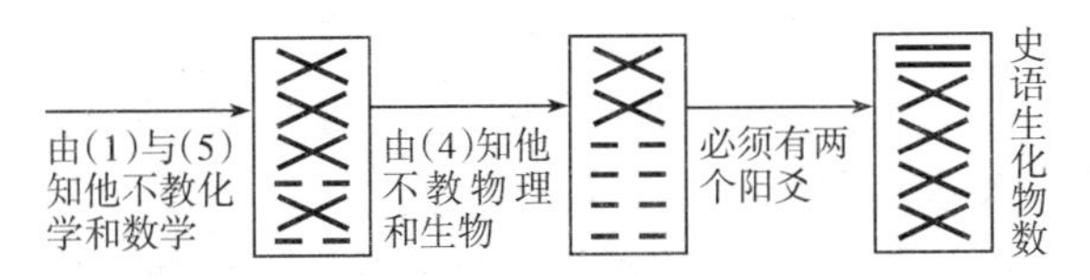

可知最年长者教语文和历史.

再由(1)知，化学与数学老师不是同一人，他们对应的卦应是两个不同的卦.

由(4)知，物理老师不是乙，由(2)知也不是甲，故是丙. 由(3)知物理老师不教数学，于是，三个卦便都出来了.

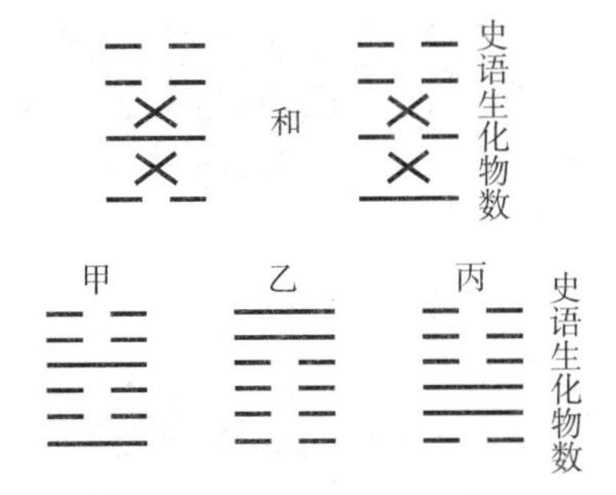

即：

甲教数学和生物；

乙教语文和历史；

丙教化学和物理.

例 17　怎样安排循环赛的日程表.

有 6 支篮球队进行循环赛，即每两队之间都进行一场比赛. 为了保证运动员的休息，每队每天至多只安排一场比赛. 另一方面，为了节约比赛经费，要求在尽可能短的时间内比赛完毕. 应该怎样安排比赛的日程表.

解 每一支球队都要与另 5 支球队比赛一场，共赛 5 场，而这支球队每天只能参加一场比赛，所以至少要 5 天才能赛完.

另一方面，每场比赛从 6 个队中抽取 2 个队，共需进行 $C_6^2=15$ 场比赛. 6 个队每天可安排 3 场比赛，因此最理想的安排方法是在 5 天之内每天赛 3 场，恰好在 5 天之内安排下全部 15 场比赛.

这样的日程表是存在的. 我们用①，②，③，④，⑤，⑥分别给 6 个队编号. 并将它们与易卦的爻位对应. 易卦中恰有 15 个两个阳爻的卦，每一个两个阳爻的卦恰好对应一场比赛. 例如，解卦䷧的第 2 爻和第 4 爻是阳爻，就安排第②队和第④队比赛一场. 现在只要把 15 个恰有两个阳爻的卦排成 5 行，每行 3 卦，使得 3 卦的 6 个阳爻恰好分别在 6 个爻位上，即每个爻位上恰好有一个阳爻. 一种可行的安排如下：

第一天 ䷂ ䷧ ䷳ ①—⑤ ②—④ ③—⑥；
第二天 ䷚ ䷜ ䷽ ①—⑥ ②—⑤ ③—④；
第三天 ䷒ ䷦ ䷢ ①—② ③—⑤ ④—⑥；
第四天 ䷣ ䷃ ䷬ ①—③ ②—⑥ ④—⑤；
第五天 ䷲ ䷭ ䷓ ①—④ ②—③ ⑤—⑥.

所以，6 个队的循环赛恰好 5 天赛完. 上面的日程表是最好的安排.

注 1 也许有人会问，这张日程表是“硬凑”出来

的呢？还是有什么具体的计算方法？事实上是有具体算法的.其算法是：在 15 个卦中随便取一个卦，把它的两个阳爻所在的爻位相加（当有一个爻位是第 6 爻位时，则不用加法，而将另一个爻位乘 2），把它们的和用 5 除，看余数是几（余数为 0 时作 5），就把这个卦所对应的比赛安排在第几天.例如，小过卦䷽的两个阳爻分别在第 3、第 4 爻位，$3+4=7$，7 用 5 除的余数是 2，所以把对应的一场比赛③—④安排在第 2 天.又例如，蒙卦䷃的两个阳爻在第 2 和第 6 爻位，这时因有一个爻位是 6，不用加法，只将另一个爻位乘以 2，$2\times2=4$，4 用 5 除的余数为 4，所以把对应的一场比赛②—⑥安排在第 4 天.

注 2　这个方法可推广到 $n=2m$ 个队举行循环赛的日程安排，其理论依据是数论中的同余式.用 $1,2,\cdots,n$ 给 n 个球队编号.

先考虑 $1,2,\cdots,n-1$ 这 $n-1$ 个队，把第 n 队暂时放在一边，若 $i+j\equiv k(\bmod n-1)(k=1,2,\cdots,n-1)$ 当 $i\neq j$ 时，则令第 i 队与第 j 队在第 k 天比赛，若 $i=j$ 则令第 i 队与第 n 队在 k 天比赛.

这样，每一个队都恰好与其他各队比赛了一场，而且每个队都不可能在一天内有两场比赛.事实上，若第 i 队在第 k 天有两场比赛，则按照安排规则，应有

$$i+j\equiv k(\bmod n-1)$$
$$i+l\equiv k(\bmod n-1)$$

则

$$|j-l|\equiv 0(\bmod n-1)$$

但因 $1\leqslant j\leqslant n-1$，$1\leqslant l\leqslant n-1$，若 $j\neq l$，上式不可能成立.故任何一队每天最多只有一场比赛.

例 18　相识未识知多少.

证明:在任何由 12 个人组成的人群中,都可以找出两个人来,使得在其余 10 个人中都至少有 5 个人,他们中的每个人或者都认识开头的两个人,或者都不认识开头的两个人.

证　在 12 人中任取 2 人,用 A,B 表示.其余的人可以用“四象”分成 4 类:

⚌——表示与 A,B 都认识;

⚍——表示与 A 认识,但与 B 不认识;

⚎——表示与 A 不认识,但与 B 认识;

⚏——表示与 A 和 B 都不认识.

若“⚌”与“⚏”不少于 5 个,则命题的结论已经成立.因此可假定“⚌”与“⚏”不多于 4 个.这样,⚍与⚎就不少于 6 个.从而,对于每一对$\{A,B\}$,3 人组$\{A,$⚍$,B\}$和$\{A,$⚎$,B\}$不少于 6 对.因为 12 人中,两人对共有 $C_{12}^2=\frac{12\times 11}{2}=66$ 对,所以,相应的 3 人组$\{A,$⚍$,B\}$或$\{A,$⚎$,B\}$不少于 $66\times 6=396$ 对.

但另一方面,在 12 人中固定一个人 C,假定他认识其余 11 人中的 n 个人,则与 C 不认识的人有$(11-n)$个.将 n 个与 C 认识的人与$(11-n)$个不认识的人各取一人配对,可配成 $n(11-n)\leqslant 5\times 6=30$ 对.所以形如$\{A,$⚍$,B\}$或$\{A,$⚎$,B\}$的 3 人组又不多于 $30\times 12=360$ 对.

这两个矛盾的结果证明了必有一对$\{A,B\}$,使“⚎”与“⚍”不多于 5 个,那么,“⚌”与“⚏”就不会少于 5 个.这就得到了要证的结论.

第4章

在这一章中，我们挑选了近半个世纪以来各国数学奥林匹克的正式试题100例，用易卦的思想方法给出详细的、也是严格的解答.在这100道题中，计有：中国7道(1～7题)、前苏联24道(8～31题)、俄罗斯14道(32～45题)、乌克兰1道(46题)、匈牙利7道(47～53题)、罗马尼亚4道(54～57题)、保加利亚2道(58～59题)、波兰3道(60～62题)、捷克2道(63～64题)、南斯拉夫7道(65～71题)、美国6道(72～77题)、加拿大7道(78～84题)、英国2道(85～86题)、日本2道(87～88题)、国际(IMO)5道(89～92题及第100题)，另外尚有未查明其原始出处的试题7道(93～99题).

这100道试题基本上概括了近年来国内外数学奥林匹克试题中可用易卦思想方法解决的各种类型的问题，从中我们可以看到用易卦解数学题的特殊思路.

第1节　中国数学奥林匹克试题选解

早在1955年，在我国老一辈数学家华罗庚、苏步青、江泽涵、柯召、吴大任、李国平、傅种孙等人的倡导下，就在我国北京、天津、上海、武汉等四城市举办了数学竞赛，待取得经验后在全国推广. 除了1959年、1960年两年因国内严重经济困难而中断外，一直持续发展到1964年，后因"文革"中断13年. 1978年重新恢复了这一活动，当年北京、陕西等八省市举行了联合数学竞赛. 1981年产生了"民办公助"的全国数学联赛，一直持续到今，已举办了22届.

1985年，我国首次派出两名观察员及两名学生参加了在赫尔辛基举行的第26届国际数学奥林匹克(IMO)，1986年正式组队参加在波兰华沙举行的第27届IMO. 1990年在北京举办了第31届IMO. 从此，中国成了国际数学奥林匹克中一支举足轻重的劲旅，在历次竞赛中都取得了优异的成绩.

我国数学奥林匹克的命题水平，原来与俄罗斯、美国等国家有较大差距，但是经过近20年的努力，已经有了长足的进步，也开始跃居世界的前列.

题1　某次体育比赛，每两名选手都进行一场比赛，每场比赛一定决出胜负. 通过比赛确定优秀选手. 选手A被称为优秀选手的条件是：对于任何其他选手B，或A胜B；或存在选手C，使得C胜B，A胜C.

如果按上述规则确定的优秀选手只有一名，求证：这名选手胜所有其他的选手.（1987年中国第二届数学奥林匹克试题）

证　首先证明必有优秀选手存在.

设所有选手中 A 是获胜场次最多的，若一共有 n 名选手参赛，首先画一个阳爻表示 A，把被 A 战胜的选手也用阳爻表示置于这个阳爻之下，就得到一个全阳卦(图 4.1).

若这个卦已是 n 爻卦，则意味着 A 战胜所有选手，故 A 即为优秀选手.

如果有 B 战胜 A，若所有被 A 战胜的选手也都被 B 战胜，那么对 B 造出的全阳卦将比 A 的卦多一个阳爻(图 4.2). 与 A 获胜的场数最多矛盾，故必有被 A 战胜的某选手，使得 C 胜 B，所以 A 仍是优秀选手. 这就证明了优秀选手总是存在的.

图 4.1

图 4.2

现在再证明如果优秀选手 A 是唯一的，他必定战胜了其他全部选手. 如果 A 没有战胜全部其他选手，那么在一切战胜 A 的选手所成的集合 M 中，根据同样的证明，也必有优秀选手 B(对集合 M 而言的，不是对全体选手而言的). 但由于 B 胜 A，A 胜 M 以外的其他选手，所以 B 也是对全体选手而言的优秀选手，与 A 是唯一优秀选手矛盾. 这个矛盾证明了 A 必定战胜了所有其他选手.

题 2　组装甲、乙、丙三种产品，要用 A，B，C 三种零件，每件甲产品需用 A，B 各 2 个；每件乙产品需用 B，C 各一个；每件丙产品需用 2 个 A 和 1 个 C. 用库

存的 A,B,C 三种零件，如组成 p 件甲产品，q 件乙产品和 r 件丙产品，则剩下 2 个 A 零件和 1 个 B 零件，但 C 零件恰好用完. 试证：无论如何改变产品甲、乙、丙的件数，也不能把库存的 A,B,C 三种零件都恰好用完.（1987 年中国第一届数学联赛试题）

证　如图 4.3，我们用 1 个阳爻表示零件 A，2 个阳爻表示 B，4 个阳爻表示 C.

A　　B　　C

图 4.3

把每一件产品看成是由组成它所用的零件重叠起来的，则每件产品都可以用一个乾卦䷀表示（图 4.4）：

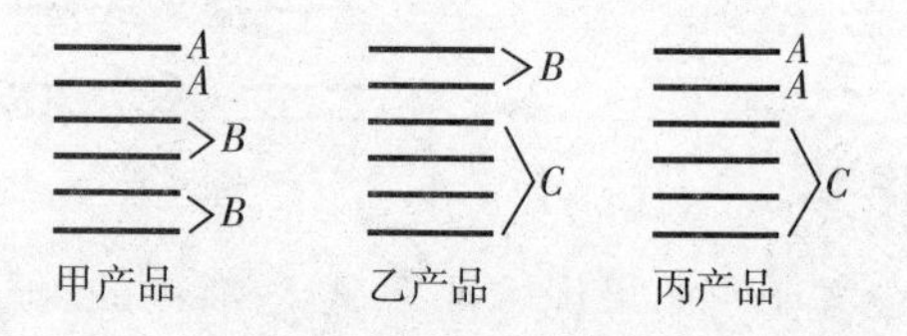

图 4.4

所以，不管哪种产品，每件都用 6 个阳爻组成，根据题设条件剩下的零件 2 个 A 和 1 个 B，只有 4 个阳爻. 因此，不管你如何改变三种产品件数的比例，总不能使剩下的 4 个阳爻变成有 6 个阳爻的乾卦. 这就证明了本题所要的结论.

注　根据当年公布的标准答案，本题用列不定方程的方法求解，其解法如下：

用反证法. 设甲、乙、丙三种产品各组装 x,y,z 件时可将全部零件用完，则依题意有

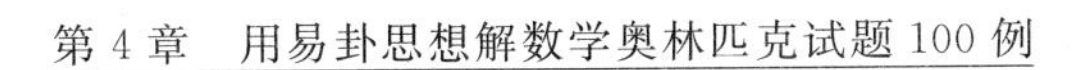

$$2p+2r+2=2x+2z \qquad \text{(A零件)}$$

$$2p+q+1=2x+y \qquad \text{(B零件)}$$

$$q+r=y+z \qquad \text{(C零件)}$$

把三个方程联立起来组成方程组

$$\begin{cases}2p+2r+2=2x+2z & (1)\\ 2p+q+1=2x+y & (2)\\ q+r=y+z & (3)\end{cases}$$

由(1)减去(3)×2,得

$$2p-2q+2=2x-2y$$

即

$$p-q+1=x-y \qquad (4)$$

由(2)+(4)得

$$3p+2=3x \qquad (5)$$

式(5)右边是3的倍数,左边不是3的倍数,所以式(5)不能成立.即不存在 x,y,z,使甲、乙、丙三种产品分别为 x,y,z 件时把库存零件恰好全部用完.

题3　甲、乙两队举行围棋擂台赛,比赛规则规定双方各派7名棋手,依次上场比赛.开始由双方第一名比赛,胜者再挑战对方第二名,如再胜,则继续挑战对方第三名,如此继续.若在某一轮挑战失败,则由对方胜者挑战本方第二名,等等.直至一方将另一方7名选手全部战胜为止,这一方便取得胜利,形成一种比赛过程.求所有可能出现的比赛过程的种数.(1988年中国数学联赛试题)

解　对每一个过程都可以造一个13爻的卦.若甲队在第 i 局($i=1,2,3\cdots,13$)战胜了乙队,就在卦中的第 i 爻用阳爻;若负于乙队,就在第 i 爻用阴爻.若甲队已胜7局之后剩下的爻位也都用阴爻.若甲队战胜

了乙队，对应的卦就恰好有 7 个阳爻. 这样的卦共有

$$C_{13}^{7}=C_{13}^{6}=\frac{13\times12\times11\times10\times9\times8}{6\times5\times4\times3\times2\times1}=1\ 716(\text{个})$$

对甲队的每个卦取其“旁通卦”，即将阳爻变为阴爻，阴爻变为阳爻所得新卦，就得到乙队战胜甲队的一个卦，也有 1 716 种.

故比赛的不同进程有 $1\ 716\times2=3\ 432$ 种形式.

注 在本题的解答中我们认为下列事实是已知的：

(1)所有的 n 爻卦共有 2^n 个；

(2)n 爻卦中恰有 m 个阳爻的卦共有 C_n^m 个. 我们今后把它们当作两个定理使用.

题 4 集合 A,B 的并集 $A\cup B=\{a_1,a_2,a_3\}$，当 $A\neq B$ 时，(A,B) 与 (B,A) 视为不同的对，这样的 (A,B) 对共有多少个？(1993 年中国数学联赛试题)

解法 1 A 与 B 的并集一共只有 3 个元素 a_1,a_2,a_3. 我们用“四象”来表述各种可能的情况：

a_i：⚌——表示 a_i 既属于 A，也属于 B；

⚍——表示 a_i 属于 A，但不属于 B；

⚎——表示 a_i 不属于 A，但属于 B；

⚏——表示 a_i 既不属于 A，也不属于 B. 但这种情况在本题中不出现.

因为对每一个 $a_i(i=1,2,3)$ 都有 3 种可能的情况，共有 $3\times3\times3=27$ 种可能的情况，每一种情况都决定一个 (A,B) 对，故有 27 种不同的对.

解法 2 考虑一个三爻卦，若 $a_1\in A$，则卦的第一爻取阳爻，a_2 不属于 A，则卦的第二爻取阴爻，以此类推. 这样每一个三爻卦就对应一种可能的 A 集

A:☰,☷,☶,☳,☵,☲,☴,☱

同样地,B 也有八卦表示

B:☰,☷,☶,☳,☵,☲,☴,☱

(A,B)的对必须保证两卦中在每一个爻位上至少有一个是阳爻.所以,可逐一配对如下:

A:☰,B:☰,☷,☳,☵,☶,☴,☲,☱　(8对);

A:☷,B:☰　(1对);

A:☶,B:☰,☱　(2对);

A:☳,B:☰,☴　(2对);

A:☵,B:☰,☲　(2对);

A:☲,B:☰,☱,☴,☵　(4对);

A:☱,B:☰,☶,☴,☲　(4对);

A:☴,B:☰,☱,☲,☳　(4对).

因此,(A,B)的对共有

$$8+1+2\times3+4\times3=27(\text{对})$$

注　本题原题为填空题,当年竞赛组织委员会提供的参考答案的思路,就是根据解法2的思想给出的:按 A,B 中所含元素的不同情况,分 A 为空集、一元集、二元集、三元集,再讨论 B 中所含元素的分布情形,分别计算,比较复杂.不如解法1简单,也不如解法2直观.

题5　马路上有六个车站,今有一辆汽车从第一站驶向第六站.沿途各站都可以自由上下乘客.但此辆汽车在任何时候至多能载乘客5人.试证明:在此六站中必定有两对不同的车站 A_1,B_1;A_2,B_2(A_1 在 B_1 之前,A_2 在 B_2 之前),使得没有乘客在 A_1 站上车而在 B_1 站下车,也没有乘客在 A_2 站上车而在 B_2 站下车.(1957年北京市数学竞赛试题)

证 画一个旅客上下车的统计表(图 4.5)：

下\上	一	二	三	四	五	六
一						
二				*A*		
三						
四						
五						
六						

图 4.5

如果有旅客(至少一个)从第二站上车而在第四站下车，就在第二行第四列的小方格(图中的 A 处)画一个阳爻；如果没有旅客从第二站上车而在第四站下车，就在 A 处画一个阴爻，余皆准此. 那么每个小方格里都画上了阳爻或阴爻.

考虑右上角用粗线框出的小正方形，它的 9 个小方格内所表示的旅客都是从前三站上车而到后三站下车的旅客. 所以，当汽车行驶在第三、第四两个车站之间时，9 个小方格内的旅客都在车上. 但车上最多只能载 5 人，因此 9 个方格内最多有 5 个阳爻，因而最少有 4 个阴爻.

9 个方格内的爻可看成 3 个 3 爻卦，因为同一卦中至多只有 3 个阴爻，同一爻位上也至多有 3 个阴爻. 所以，4 个阴爻必有两个既不在同一卦中，也不在同一爻位上. 例如，图 4.6 中的 A，B 2 个阴爻就既不在同一卦中，也不在同一爻位上. 这意味着，没有旅客从第一站上到第五站下，也没有旅客从第二站上到第四站下. 这就证明了命题的结论.

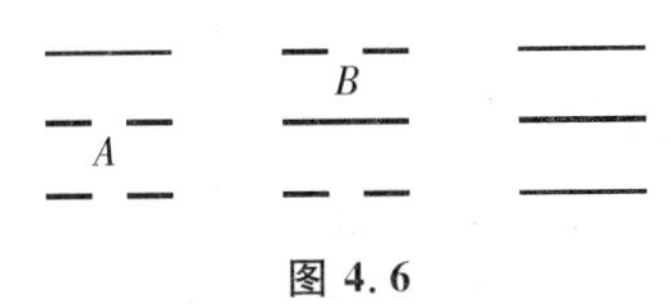

图 4.6

题 6　集合 $S=\{(a_1,a_2,a_3,a_4,a_5)|$其中 $a_i=0$ 或 $1,i=1,2,3,4,5\}$. 对 S 中任意两个元素 $A=\{a_1,a_2,a_3,a_4,a_5\}$和 $B=\{b_1,b_2,b_3,b_4,b_5\}$,定义它们之间的距离为

$$d(A,B)=|a_1-b_1|+|a_2-b_2|+|a_3-b_3|+|a_4-b_4|+|a_5-b_5|$$

今取 S 的一个子集 T,使 T 中任何两个元素的距离都大于 2. 子集 T 最多能有多少个元素? 证明你的结论.(1988 年上海市数学竞赛试题)

解　最多能有 4 个元素.

我们用一个 5 爻卦来表示 S 中的一个元素,若 $a_i=1$,则卦的第 i 爻取阳爻;若 $a_i=0$,则卦的第 i 爻取阴爻($i=1,2,3,4,5$). 例如,S 的元素 $a=(1,0,1,0,0)$ 对应于☳卦

$$(1,0,1,0,0)\longrightarrow ☳$$

根据距离的定义,并注意到

$$|a_i-b_i|=\begin{cases}1,当\ a_i\ 与\ b_i\ 不同时\\0,当\ a_i\ 与\ b_i\ 相同时\end{cases},i=1,2,3,4,5$$

所以,$A=(a_1,a_2,a_3,a_4,a_5)$与 $B=(b_1,b_2,b_3,b_4,b_5)$之间的距离,由 a_i 与 $b_i(i=1,2,3,4,5)$中有多少不同的数对来决定. 换句话说,由 A 与 B 的对应卦中有几个爻位上的爻性不同来决定.

根据距离 $d(A,B)>2$,即 A,B 两卦中至少有 3 个爻位上的爻性不同. 所以,本题实际上是问:所有 5

爻卦($2^5=32$ 个)中,至少有 3 个爻位上的爻不同性的卦最多有多少个?

任取一个五爻卦 A,那么:

(1)与 A 有 3 个爻不同性的卦有 $C_5^3=10$(个);

(2)与 A 有 4 个爻不同性的卦有 $C_5^4=5$(个);

(3)与 A 有 5 个爻不同性的卦有 $C_5^5=1$(个).

显然,T 中除 A 以外的卦,都只能在这三类中.

若 T 中除 A 以外,还包含(3)中的那个卦,则不可能再包含别的卦了. 这时 T 最多有 2 卦.

若 T 中除 A 以外,还包含(2)中的卦,最多能包含(2)中 1 卦.

若 T 中除 A 以外,还包含(1)中的卦,最多能包含(1)中 2 卦.

由此可知,T 中最多可以有 4 卦:即 A 本身,(1)类中 2 卦,(2)类中 1 卦.

剩下的问题是:T 是否的确能包含 4 卦,回答是肯定的. 例如图 4.7 中的 4 卦:

A　　B　　C　　D

图 4.7

显然,A,B,C,D 4 卦中每两卦都至少有 3 个爻位上的爻性不同.

现在提出一个问题:如果 T 中的卦不是 5 爻卦而是 6 爻卦,T 中最多能包含多少个至少有 3 爻不同的卦. 经过类似的分析,可知这时 T 中最多能有 8 卦. 也容易算出,如果 T 中的卦是四爻卦,则 T 只能有 2 个至少有 3 个爻不同的卦. 因为

$$2=2^1=2^{4-3}$$
$$4=2^2=2^{5-3}$$
$$8=2^3=2^{6-3}$$

于是，我们猜想：一般地，对于 n 爻的卦，是否 T 中包含 2^{n-3} 个卦，两两之间至少有 3 个爻位上的爻性彼此不同？

题 7　$A_0,A_1,\cdots,A_n$ 为同一直线上顺次的 $n+1$ 个点. 将 A_0 涂成红色，A_n 涂成蓝色，其余的点任意地涂成红色或蓝色. 如线段 $A_iA_{i+1}(0\leqslant i\leqslant n-1)$ 的两端颜色不同，称它为标准线段. 证明：标准线段的条数为奇数.（1979 年安徽省高中数学联赛试题）

解　如图 4.8 所示，在红色点（用小圆圈表示）的下面放一个阳爻，在蓝色点（用小黑点表示）下面放一个阴爻：

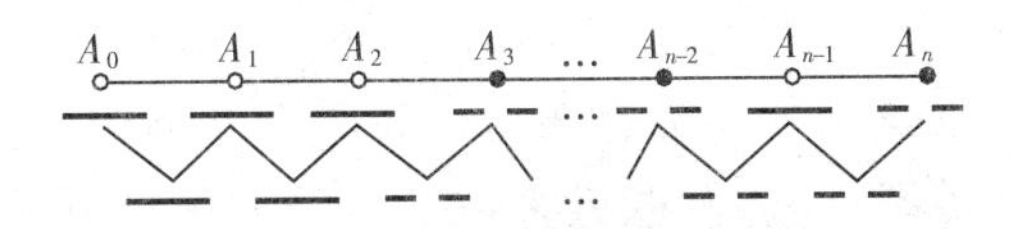

图 4.8

把每一条线段下的两个爻都按“同性得阳，异性得阴”的规则相乘，得到 n 个乘积，再把 n 个乘积相乘，最后得到一个阳爻或一个阴爻.

因为一个标准线段的两端点下的爻异性，故它们的乘积为阴爻；一个非标准线段的两端点下的爻同性，其乘积为阳爻. 因此，第二次相乘后如得到阳爻，说明第一次相乘所得的 n 个积中一定有偶数个阴爻，即原来有偶数个标准线段；若第二次乘积为阴爻，则第一次相乘后的 n 个积中有奇数个阴爻，即原来有奇数个标准线段.

但是我们看到在第一次乘法运算中,除了 A_0 和 A_n 下的爻只使用了一次之外,其余的每个爻都使用了两次.所以在第二次相乘时,除 A_0 和 A_n 下的爻外,每个爻都在图式中出现两次,它们的积为阳爻.故最后结果实际上只有 A_0 和 A_n 下的爻性在起作用.因 A_0 与 A_n 爻性不同,乘积为阴爻.这就证明了:标准线段应有奇数个.

第 2 节　苏联与俄罗斯数学奥林匹克试题选解

苏联是最早把数学竞赛与奥林匹克运动联系在一起的国家.早在 20 世纪 30 年代就在一些城市举行了奥林匹克数学竞赛.1961 年至 1966 年举行的第一届至第六届全俄数学奥林匹克已经具有全苏的性质,因为除了俄罗斯外,苏联大多数加盟共和国都派队参加了.1967 年苏联教育部把这一运动统一承担起来,成立了全苏数理化奥林匹克中央组织委员会,从这年起,正式命名为"全苏奥林匹克数学竞赛",每年举行一次.此外,一些加盟共和国和一些城市也举办数学竞赛活动.

苏联和今天的俄罗斯都是数学奥林匹克的大国,他们的命题水平很高.有些试题的解法虽然是初等的,但涉及深刻的数学背景.所以,在这里我们选了较多的苏联与俄罗斯的试题.

题 8　(1)如图 4.9,在一个 4×4 的正方形表格的格子中放着符号"+","-",可以同时改变一行中、一列中或平行于对角线的直线中所有格子内的符号.(特

别的,可改变正方形的四角上格子的符号)

+	−	+	+
+	+	+	+
+	+	+	+
+	+	+	+

图 4.9

证明:无论改变多少次符号,表格中的符号不可能全变成“+”号.

(2)如果在 8×8 的棋盘中一个非四角的格子内放“−”号,而在其余的格子内放“+”号.可以同时改变某一行、某一列、或平行于对角线的直线中所有格子的符号(特别的,可改变正方形四角上格子内的符号).

证明:无论怎样改变符号,总不能得到全是正号的棋盘.(1968 年全苏第二届数学奥林匹克试题)

证　(1)容易看到,如图 4.10,在 4×4 正方形中置有阳爻的方格,无论是横行、直列或与对角线平行的每一直线都穿过有偶数个阳爻“−”的方格,如果把负号填在这些格子内,则每一次变号之后,负号个数的奇偶性不改变,故无论经过多少次变号,都不能使表格中的符号全为正号.

	−	−	
−			−
−			−
	−	−	

图 4.10

(2)由于负号不放在四角,故可从 8×8 的正方形内划出一个 4×4 的小正方形,使原正方形中唯一的负号处于图 4.10 中阳爻方格的位置上，就归结为(1)，对(1)的讨论和结论都同样地成立.

题 9 某国建立了这样的航空网：任何一个城市至多与其他 3 个城市有航线，同时从一个城市到达其他任何一个城市至多只需换乘一次.

问：这个国家最多有多少个城市？（1969 年全苏第三届数学奥林匹克试题）

解 汉朝的文学家扬雄(前 53—前 18)曾经模仿《周易》作《太玄经》，《太玄经》中有 81 个类似于“易卦”的“太玄图”.“太玄图”由 3 种不同的爻构成(图 4.11)，分别名为“一”、“二”、“三”.

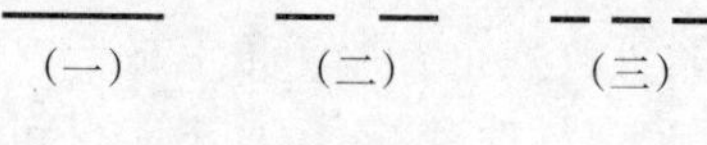

图 4.11

“太玄图”有 4 级爻位，最上一级称为“方”，第二级称为“州”，第三级称为“部”，第四级称为“家”. 例如，图 4.12 中那个名字为“割”的“太玄图”，就称为“三方二州三部一家”.

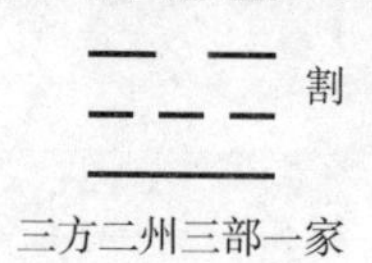

图 4.12

我们借助太玄图来解此题.

如图 4.13，任取一城市用“—”表示太玄图的最下一级. 这个城市至多与 3 个城市通航，在其上放一个“三”. 第二级的 3 个城市，每个最多还能与另外两个城

市通航，第三级最多可以画 3 个“二”. 根据题设条件，已经不能再画第四级，因为从第四级所能直达的城市全在第三级，或第三级以上的各级，不可能直达第一级或第二级，因第一级与第二级都已有 3 条航线. 因此从第四级城市到第一级必须先后在第三级、第二级换乘，但依题意，从任何一个城市到另一个城市最多只换乘一次，与题设矛盾. 图 4.13 中共有 10 个线段，故这个国家最多有 10 个城市.

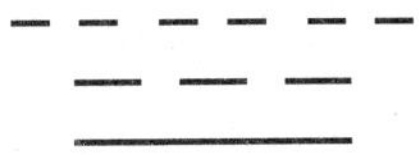

图 4.13

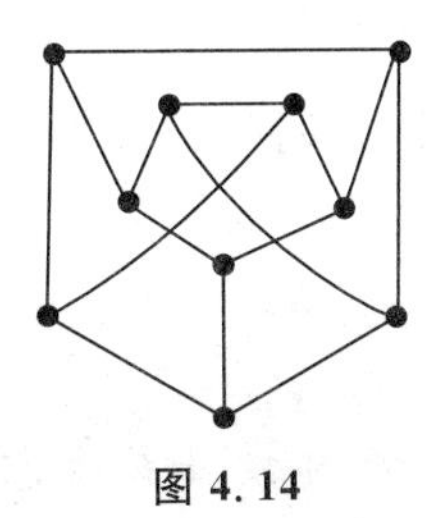

图 4.14

根据图 4.14，可构造出 10 个城市的符合所述要求的航空网. 这个图称为“彼得森图”.

题 10　给定 0 和 1 的有限数列，它具有性质：

(1)如果在数列的某处连续抽取 5 个数字，并且在另外任何一处也连续抽出 5 个数字，那么这两个 5 个数字的序列将不相同(它们可以部分重叠地连接在一起，例如0110101).

(2)如果把数字 0 或 1 添加到数列的右边，那么性质(1)不再成立.

证明：这个数列的前 4 个数字与后 4 个数字相同.

(1969年全苏第三届数学奥林匹克试题)

证 分别用阳爻和阴爻表示1和0,就得到一个卦A,设此卦的最上4个爻是a,b,c,d(图4.15).

则A中一定还包含图4.16的两种5爻卦:

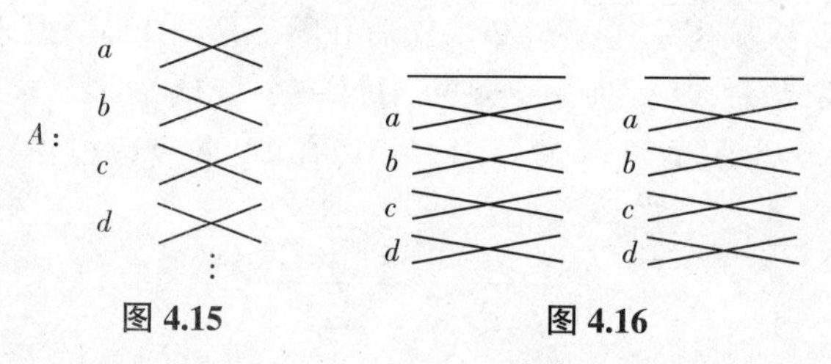

图4.15　　图4.16

否则,就可以把一个阳爻或一个阴爻加到A卦的上方,而使得条件(2)不成立.因此在A卦中,至少有3处出现4爻卦B(图4.17).

在B的下面,阳爻或阴爻最多只能各出现1次,即图4.18中的两个卦最多各有1个.不然的话,如果某种5爻卦出现2次,则这两个5爻卦就完全相同,与条件(1)矛盾.

所以,一定有一个4爻卦B下面不再有任何一个爻,即这个B是最下面的4个爻,即数列的最后4项.因此,这个数列的前4项和最后4项是相同的.

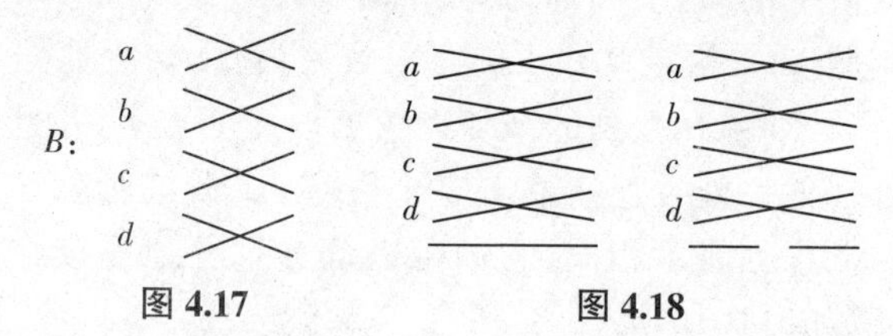

图4.17　　图4.18

题11 N个人彼此之间原来不认识,现在要介绍其中的某些人互相认识,使得任何三人中都没有相同数量的熟人.证明:对于任意的N,都能做到这一点.

(1973年全苏第7届数学奥林匹克试题)

证　造一个由N个N爻的卦做成的矩阵.造卦的方法如下:

把N个人按$1,2,\cdots,N$的次序编号.第i卦的第j爻是阳爻,如果介绍了i与j互相认识.如果不介绍i与j互相认识,则i卦的第j爻用阴爻(i与i之间也用阴爻).

现在要证明:存在一种造卦方法,使得没有任何3个卦有相同个数的阳爻.

这是很容易办到的:我们规定当且仅当$i\neq j$,$|i-j|\leqslant\frac{N}{2}$时,第$i$卦的$j$爻用阳爻,否则用阴爻,例如若取$N=6$,则造出的6个卦如图4.19所示.

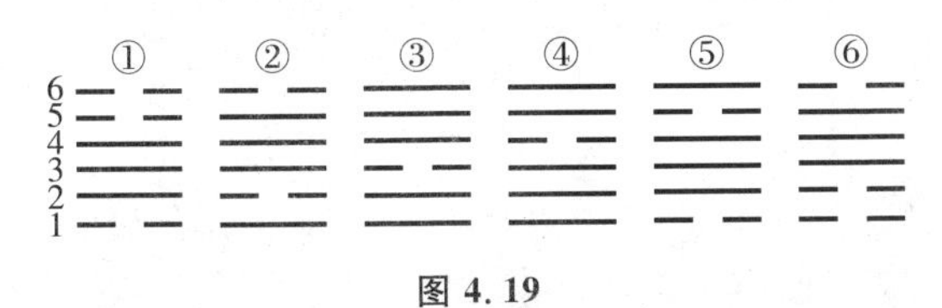

图4.19

其中只有①与⑥两个3阳卦,②与⑤两个4阳卦,③与④两个5阳卦,没有任何3个卦有相同个数的阳爻.它们两两互为复卦.

事实上,因$|(N+1-j)-(N+1-i)|=|i-j|$,所以第i卦的第j爻与第$(N+1-i)$卦的第$(N+1-j)$爻有相同的爻性,即第i卦与第$N+1-i$卦互为复卦,但每1个卦都只有1个复卦,所以不可能有3个卦有相同个数的阳爻.

题12　在法庭上作为物证出示了14枚硬币.鉴定人发现,第1至第7枚硬币是假的,第8至第14枚的硬币是真的.法庭仅知道,伪币的重量都相同,真币的重量也都相同.但伪币的重量比真币轻.鉴定人使用的是没有砝码的天平.证明:鉴定人可以利用3次称量向法庭证明:第1枚至第7枚是伪币,第8枚至第14枚是真币.(1973年全苏第七届数学奥林匹克试题)

证 分别画一个7爻的乾卦和7爻的坤卦(图4.20):每一个阳爻代表一个真币,一个阴爻代表一个伪币.

鉴定人第一次可取A,B两卦最下一爻在天平上称一次,判断A中最下一爻为真币,B中最下一爻为假币.将A,B的最下两爻交换(图4.21):

爻旁加"∘"表示已知其真伪.

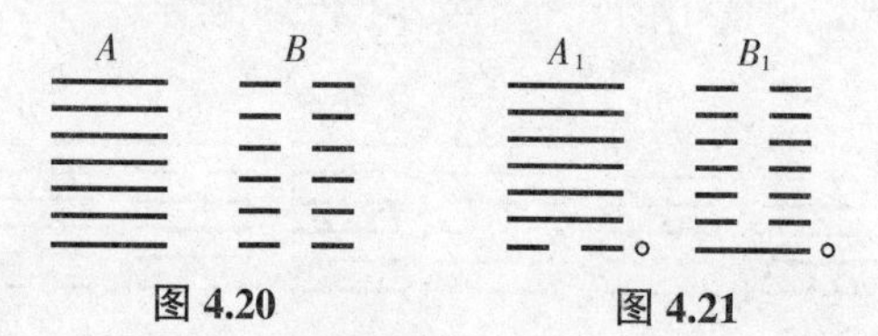

图4.20　　图4.21

鉴定人第二次分别取A_1,B_1下部的三个爻称一次,当左边较重时就证明左边的两个阳爻为真币.否则因左边已有一伪币,右边已有一真币,若左边两阳爻不都是真币就决不能比右边重;同样地,若右边两阴爻不都是伪币,就不能比左边轻.

再交换A_1,B_1的第2、第3两个爻(图4.22):

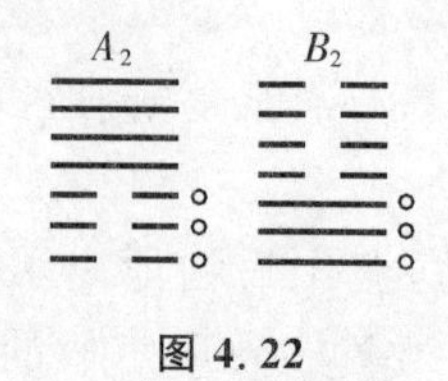

图4.22

鉴定人第三次可将 A_2 和 B_2 放在天平上再称一次.左边比右边重,因左边已有 3 个伪币,右边已有 3 个真币,若 A_2 中 4 个阳爻不全是真币,B_2 中 4 个阴爻不全是伪币,则左边绝不可能比右边重.至此,7 个真币和 7 个伪币全部判明.

这个方法可推广至一般情况:

称第 1 次可鉴别出 2^1 个(真伪各一半);

称第 2 次可鉴别出 2^2 个(真伪各一半);

称第 3 次可鉴别出 2^3 个(真伪各一半);

……

称第 n 次可鉴别出 2^n 个(真伪各一半).

因而可鉴别的总数为 $2^1+2^2+2^3+\cdots+2^n=2^{n+1}-2$(真假各 2^n-1 个),取 $n=3$,得 $2^4-2=14$.

题 13　给定若干个红点和若干个蓝点,其中某些点由线段所连接.称一个点为奇点,如果与它相连的点中有多于一半的点与它颜色相异.奇点可以重新着色,在每一步中选取任意一个奇点并把它改成另一种颜色.

证明:经过若干步重新着色之后,不再有任何奇点.(1974 年全苏第八届数学奥林匹克试题)

证　我们把一个卦(不论它是几爻的卦)称为"好卦",如果在这个卦中阳爻的个数不少于阴爻的个数.反之,若阳爻的个数少于阴爻的个数,则称为"差卦".

现在给每一点对应一个卦:若与这点相连的点有 n 个,就是一个 n 爻卦,异色的点与之相连就用一个阴爻,同色的点与之相连就用一个阳爻.显然,在这种对应之下,每一个奇点都对应一个"差卦".例如(图4.23)表示有 6 点与 A 有连线,其中 4 点与 A 异色,2 点与 A 同色.故 A 点对应一个差卦,但将 A 改色后,则对应的卦阳爻变为阴爻，阴爻变为阳爻（图 4.24）. 于是阳爻多于阴爻，差卦变为好卦.

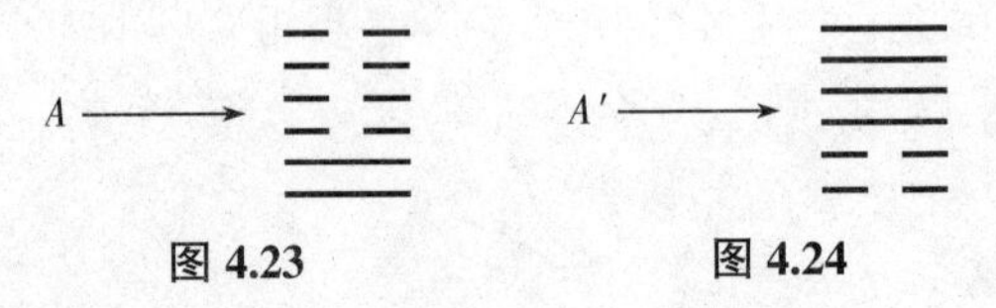

图 4.23　　图 4.24

显然，每一次改变颜色，至少要减少一个阴爻. 假定一开始所有的点对应的卦（包括好卦和差卦）中，一共有 k（k 为有限数）个阴爻，每改变一次点的颜色，就至少减少一个阴爻，最多进行 k 次，在所有的卦中都没有阴爻了，自然都成为好卦. 换言之，不再有对应于差卦的奇点了.

题 14　在每张卡片上各写上 1 或者 −1，把 50 张卡片固定排在一个圆周上，可以任指 3 张卡片提问："这 3 张卡片上的数的乘积等于多少?"（但不告诉卡片上写的是什么数）问最少要提多少个问题才能知道所有卡片上的数的乘积?（1974 年全苏第八届数学奥林匹克试题）

解　最少要提 50 个问题.

用阳爻表示 1，阴爻表示 −1，按"同性得阳，异性得阴"的乘法法则，和 1 与 −1 的乘法完全一样. 将 50 张卡片在圆周上的次序依次编号为①②③…㊿，把每相连的 3 张组成一个卦. 如下（图 4.25）：

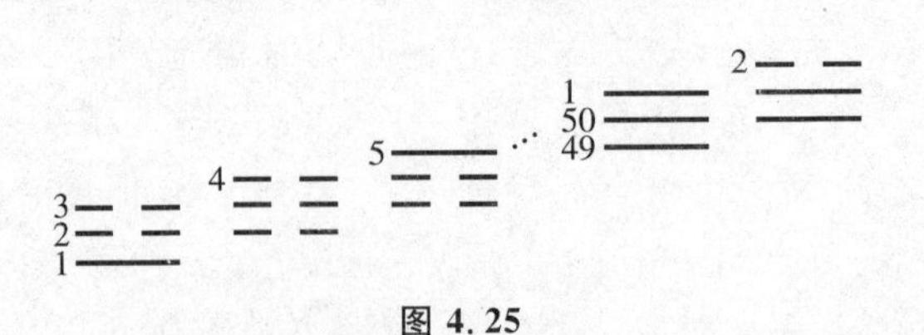

图 4. 25

提问一次知一卦中 3 个爻的乘积(称它为卦的积),那么 50 个卦的积就恰好是 150 个爻(每个爻都出现 3 次)的积. 易知,任何一个爻自乘 3 次就等于它本身. 所以 50 个卦的积也就是 50 个爻的积. 即提问 50 次一定能知道 50 张卡片上的数的积.

但是只提 49 问是不行的. 例如,如果我们不提①②③的积是什么,那么就可以这样来设计两套不同的卡片,使后 49 卦的积都是阳爻,例如:

若把第一套卡片设计为图 4.26.

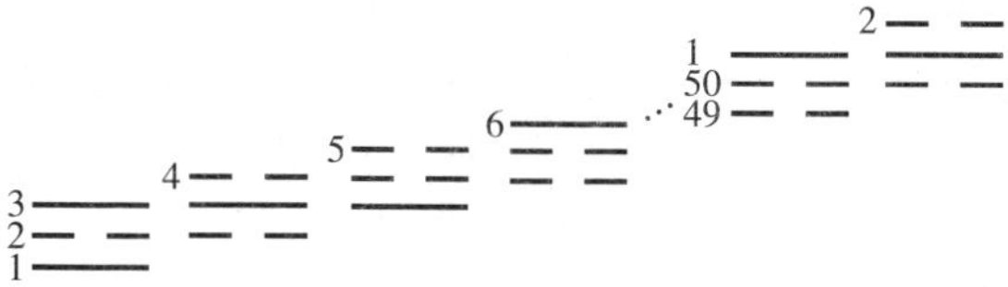

图 4.26

即①和其余 3 的倍数的③,⑥,⑨,…,㊽均为阳爻,其余的均为阴爻. 除第一卦外,其余 49 卦都是一阳二阴,卦积为阳爻. 第一卦卦积为阴爻,所以 50 个爻的积为阴爻.

第二套卡片可设计 50 个爻都是阳爻(图 4.27):

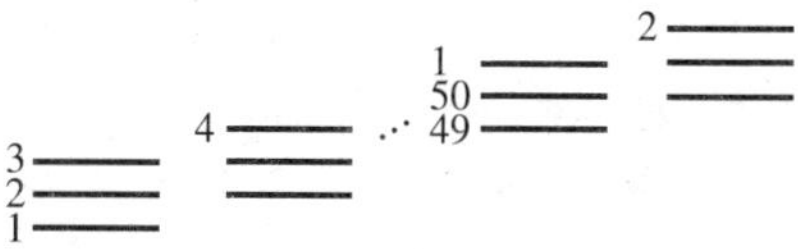

图 4.27

50 个卦积都是阳爻,所以 50 个爻的积也是阳爻.

当我们只提问 49 次,知道了第 2 至第 50 卦的卦积都是阳爻,仍无法判断第 1 卦的卦积是阳爻还是阴爻,因为两种情况都有可能出现,因而无法判断 50 卦的乘积是什么,即不能判断 50 个爻的积是什么.

题 15 证明:用数字 1 和 2 可以组成 2^{n+1} 个数,每一个数都是 2^n 位,而且每两个数至少在 2^{n-1} 个数位上不相同.(1975 年全苏第九届数学奥林匹克试题)

证 我们用阳爻表示 1,阴爻表示 2,那么就可将一个 n 位的数表示成一个 n 爻的卦.并且用 a' 表示 a 卦的变卦,即将卦 a 的阳爻变成阴爻,阴爻变成阳爻所得的卦.

现在用数学归纳法来证明本命题.

当 $n=1$,"四象"(图 4.28)即满足条件:

图 4.28

假定我们可以构造出 2^{n+1} 个有 2^n 个爻的卦,并且这些卦中,任何两卦都至少有 2^{n-1} 个爻的爻性相反.记这些卦的集合为 A_n.

在 A_n 中任意取一个卦 a,将 a 的阳爻变为阴爻,阴爻变为阳爻,则得到 a 的变卦 a'.将 a 与 a 相重,a 与 a' 相重,就得到两个 2^{n+1} 爻的卦.对 A_n 中每一个卦都进行类似的变卦和重卦,就得到由 $2\times2^{n+1}$ 个 2^{n+1} 爻卦组成的集合,记这个集合为 A_{n+1}.

下面证明:A_{n+1} 中任何两卦都至少有 2^n 个爻位上的爻性不同.因为 A_{n+1} 中任何两卦,根据其相重的情况,可能有 4 种不同的情况:

(1)a 与 a 重,a 与 a' 重;

(2)a 与 a 重,b 与 b 重;

(3)a 与 a 重,b 与 b' 重;

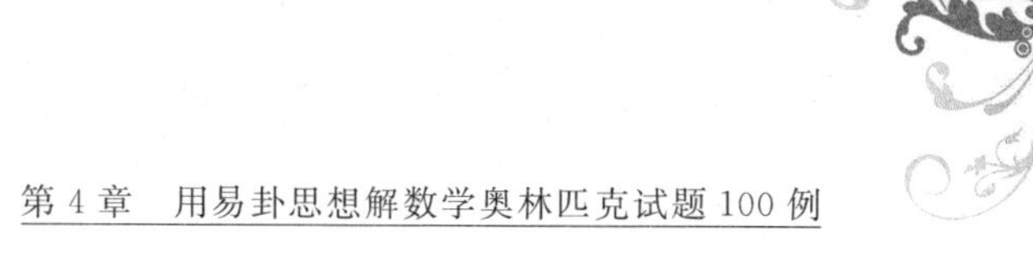

(4)a 与 a' 重,b 与 b' 重.

对于情况(1),因 a 与 a' 的 2^n 个爻都不相同,所以两组重卦有 2^n 个爻位上爻性不同.

对于情况(2),a 与 b 是 A_n 中不同的卦,它们至少有 2^{n-1} 个爻不同,因此上下卦中至少有 $2\times 2^{n-1}=2^n$ 个爻位上爻性不同.

对于情况(3),假定 a 与 b 有 $k(k\geqslant 2^{n-1})$ 个爻不同,k' 个爻相同($k+k'=2^n$),因为 b' 与 b 爻性全部相反,因此 b' 与 a 有 k 个爻相同,k' 个爻不同. 所以两重卦中恰有 $k+k'=2^n$ 个不同的爻.

对于情况(4),因为 a 与 b 至少有 2^{n-1} 个爻不同,a 与 a' 的爻性完全相反,b 与 b' 的爻性完全相反,否定之否定,所以 a' 与 b' 也恰好至少有 2^{n-1} 个爻不同,所以两组重卦中至少有 $2\times 2^{n-1}=2^n$ 个爻不相同.

综上所述及归纳原理,命题得证.

题 16　在黑板上写着若干个 0,1,2. 可以擦去其中两个不相等的数字,并代之以与擦去的数字不相同的数字(例如,擦去 0 与 1 换一个 2,擦去 1 与 2 换一个 0,擦去 2 与 0 换一个 1).

证明:如果经过若干步这样的运算后在黑板上还有一个数,那么这个数与擦去数字的先后次序无关. (1975 年苏联第九届数学奥林匹克试题)

证　不妨碍一般性,用"四象"中的⚏,⚎,⚍分别代表 3 个数,并设最后剩下的那个数为⚏.

根据"同性得阳,异性得阴"的乘法法则,擦去两个数而换上第三个数的一次操作相当于一次乘法. 三种乘法是

⚏×⚎=⚍(这种操作减少两个阴爻)

⚏×⚎=⚍（这种操作减少两个阴爻）

⚎×⚍=⚏（这种操作减少两个阳爻）

不难看到，每次乘法或者减少两个阳爻，或者减少两个阴爻．最后剩下一个⚏，所以阳爻必定是偶数个．由于⚍，⚎两种象的阳爻合起来是偶数个，所以⚍与⚎的个数奇偶性相同．

另一方面，每一次乘法各种象或者增加一个，或者减少一个，奇偶性都要改变一次．最后⚍与⚎的个数都为0，而⚏的个数变为1．所以开始时，设有 p 个⚏，q 个⚍，r 个⚎，则 q 与 r 或同为奇数，或同为偶数，而 p 则与 q 和 r 的奇偶性相反．由此可知，最后剩下是哪个数是由 p,q,r 的奇偶性决定的，与操作的次序无关．

因此，若所写的三个数的个数 p,q,r 开始同为奇数或同为偶数，则不能通过操作使得最后恰好剩下一个数．若开始时，p 与 r,q 的奇偶性不同，则可通过操作使最后剩下一个数⚏（即原来有 p 个的那个数）．具体操作可用下法：

每次取两个个数较多的象相乘，则较多个数的两种象减少1个，而个数较少的象增加1个，最多的和最少的个数差距减少2．由于 p,q,r 都是有限数，经过若干次相乘后，个数最多的和个数最小的相差为1．不妨设这时

⚏ $\longrightarrow m+1$，⚍ $\longrightarrow m$，⚎ $\longrightarrow m$

若 $m\geqslant 1$，则作3次乘法

⚏×⚍=⚎　⚏×⚎=⚍　⚎×⚍=⚏

这样⚏，⚍，⚎分别减少一个

⚏ $\longrightarrow (m-1)+1$，⚍ $\longrightarrow m-1$，⚎ $\longrightarrow m-1$

若 $m-1$ 仍不为0，则继续上述过程最后必然出现

⚏⟶1 个,⚎⟶0 个,⚍⟶0 个

题 17　在 7×7 个格子的正方形中要标出 k 个格子的中心,使任意标出的 4 个点中,都不是一个边平行于正方形边的矩形的顶点. 当 k 最大取何值时能做到这一点?(1975 年全苏第九届数学奥林匹克试题)

解　把 7×7 个格子的正方形的行和列依次称为 1,2,3,4,5,6,7 行和 1,2,3,4,5,6,7 列,则行与列均可用除坤卦☷以外的 7 个三爻卦来编号

☳,☵,☱,☶,☲,☴,☰

于是位于第 i 行第 j 列的格子就可用一对三爻卦来编号,例如位于第 1 行第 2 列的格子可表示为

(☳,☵)

如果这一对卦中,有偶数个爻位同为阳爻,则称为“好对”.((☳,☵)有 0 个爻位同为阳爻,故为“好对”). 不难证明:

对于任何一个卦,都恰好有 3 个卦与之配成“好对”.

实际上,若卦 A 只有 1 个阳爻,则与 A 的阳爻位相同的爻位上取阴爻后,另两爻可以取两阴,一阴一阳,一阳一阴. 如

☳ → ☴　☶　☵

A

若卦 A 有 2 个阳爻,则可在 2 个阳爻位上同取阳爻,第 3 爻任意,或 2 个阳爻位上同取阴爻,第 3 爻位上取阳爻,也恰有 3 卦. 如

☱ → ☰　☱　☶

A

若卦 A 有 3 个阳爻,则可在 2 个阳爻位上取阳爻,第 3 爻位上取阴爻,由于取阴爻的爻位可以选择 3

个爻位中任一个,也恰好有 3 卦.如

$$☰ \to ☵\quad ☲\quad ☴$$

A

现将"好卦"对列表如图 4.29:

	A	1	2	3	4	5	6	7
1	☳		☵		☶		☴	
2	☵	☳			☶	☲		
3	☱			☱	☶			☰
4	☶	☳	☵	☱				
5	☲		☵			☲		☰
6	☴	☳					☴	☰
7	☰			☱		☲	☴	

图 4.29

图 4.29 的表表明,没有任何两对"好卦"分布在相同的两行两列中,从而,把 21 对"好卦"所对应的方格中心标出,则这标出的 21 点不能构成一个矩形的顶点,使矩形的边与正方形的边平行.

下面证明:任意标出的 22 点,必能找到 4 点,构成一个矩形的顶点,使其边平行于原正方形的边.

显然,22 点分布在 7×7 的方格中,至少有一列有 4 个点,不妨设在第一列有 4 点,且分布在前 4 行.那么由这 4 行组成的 4×7 矩形中,每一列上至多能再放一个点,总共能放 $4+6=10$ 点.其余 12 点完全分布在下方一个 3×7 的矩形之中(图 4.30)现在凡有点的格子画 1 个阳爻,无点的格子画 1 个阴爻,就得到 7 个 3 爻卦.

•	•	•	•	•	•	•
•						
•						
•						

图 4.30

如果 7 卦中有 3 阳爻卦☰,则只要再有任何一个 2 阳爻以上的卦,如☲,就与☰构成矩形顶点.

如果 7 卦中无 3 阳爻卦,但有 4 个 2 阳爻的卦,如☱,☱,☲,☴,两个相同的 2 阳爻卦即构成矩形的顶点.

如果 7 卦中至多有 3 个 2 阳爻以上的卦,其余 4 卦只有 4 个阳爻,总数不超过 10 个,与共有 12 点矛盾.

综上可知,不能标出 22 个点使不存在题目所说的矩形,故最大数是 21.

注　为估计出所标出的符合题设要求的格点中心数的上界,在一般的证法中,通常采用下述方法:

设 x_i 为在第 i 行中点的个数,$\sum_{i=1}^{m} x_i = k$. 如果在某行中标出某两个格子的中心,那么就不可能在这两个格子所在的列上再标另一行的两个格子. 在第 i 行中标出的格子可构成 $C_{x_i}^2 = \frac{x_i(x_i-1)}{2}$ 组(每组两个). 因为所有的组不能相同. 所以若正方形有 $m \times m$ 个格子,

则所有组的个数总和不多于$\frac{m(m-1)}{2}$即

$$\sum_{i=1}^{m}\frac{x_i(x_i-1)}{2}\leqslant\frac{m(m-1)}{2}$$

由此得

$$\sum_{i=1}^{m}x_i^2\leqslant m(m-1)+\sum_{i=1}^{m}x_i\leqslant m(m-1)+k$$

因为

$$\sum_{i=1}^{m}x_i^2\geqslant\frac{(x_1+x_2+\cdots+x_m)^2}{m}=\frac{k^2}{m}$$

从而

$$\frac{k^2}{m}\leqslant m(m-1)+k$$

解不等式得

$$k\leqslant\frac{m+m\sqrt{4m-3}}{2}$$

在上式中取 $m=7$,即得 $k\leqslant 21$.

上界 21 是可以达到的.用这里所说的方法构造出 21 点的例子比较直观好懂.

题 18 已知正方形方格纸上有 100×100 个小方格,画出若干条自身不相交的折线,走过方格的边且没有公共点,这些折线严格地在正方形内部,两端点从它的边界出发.证明:除正方形顶点外还有结点(在正方形内部或边界上)不属于任一条折线.(1977 年全苏第 11 届数学奥林匹克试题)

证 在所有结点上依次相间地放一个阳爻或一个阴爻,除 4 个顶点外,在边界上的 4×100=400 个顶点阳爻与阴爻各占一半.如果它们都是折线的端点,那么每条折线的两个端点可分为 3 种类型

⚌　⚏　⚍ 或 ⚎

易知以⚌和⚏即两个端点都是阳爻或两个端点都是阴爻的折线数相同. 由于折线上的阳爻、阴爻总是相间地出现,因此位于两种同爻性端点的折线上的阳爻和阴爻的总数相同(以阳爻为端点的折线里多一个阳爻,以阴爻为端点的折线上多一个阴爻),在不同爻性的端点的折线上阳爻与阴爻结点的个数相等. 所以正方形内部阳爻结点的个数与阴爻结点的个数相等. 但是在棋盘内共有 99×99 等于奇数个结点,所以至少有一个结点不在折线上.

题 19　一只棋子在 $n\times n$ 个格子的棋盘的角上,两个人轮流把它挪到相邻的格子中去(即挪到与这个棋子所在格子有公共边的格子中). 棋子不能第二次走到某一格子中. 无处可走的人将要输给对方.

(1)证明:如果 n 为偶数,那么先走的人能赢,而如果 n 为奇数,则第二个人赢.

(2)如果最初棋子不在角上的格子中,而在与它相邻的一个格子中,那么谁将取胜?(1978 年全苏第 12 届数学奥林匹克试题)

证　(1)如果 n 为偶数,则先走者赢;如果 n 为奇数,则后走者能赢.

如图 4.31,当 n 为偶数时,把棋盘划分成一些 1×2 的区域(多米诺骨牌),分别两两放上阳爻或阴爻. 当棋子在角上时,先走者可将棋子移至与棋子所在区域的另一格(封闭多米诺骨牌). 则先走者甲必胜.

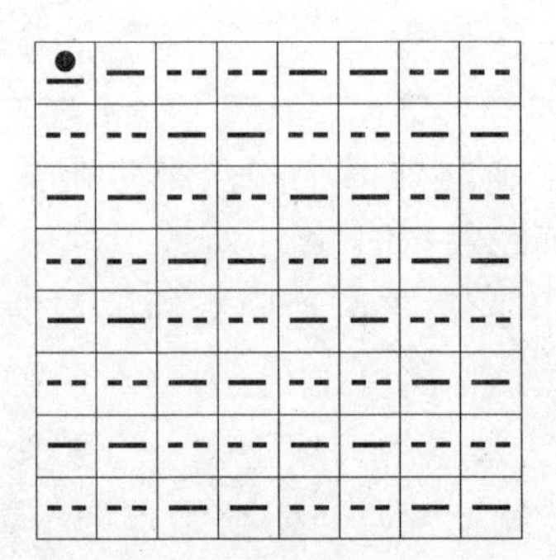

图 4.31

当 n 为奇数时,可除掉棋子所在的左上角后,再把剩下的格子划分为一些多米诺骨牌区域.(图 4.32)当先走者把棋子移到某一区域时,后走者就处于 n 为偶数时先走的那种情况,故后走者能赢.

(2)先走的人始终能赢.

当 n 为偶数时,先走者与(1)的情况相同,故能赢.

当 n 为奇数时,同样当把角上的格子去掉以后划分成多米诺区域时,如图 4.33 所示,先走者把棋子移到棋子最初所在区域的另一格中后,后走者再也无法把棋子移动到画阴影的角上格子中去.这样,先走者就处于(1)中 n 为奇数时后走者的境况,故必能赢.

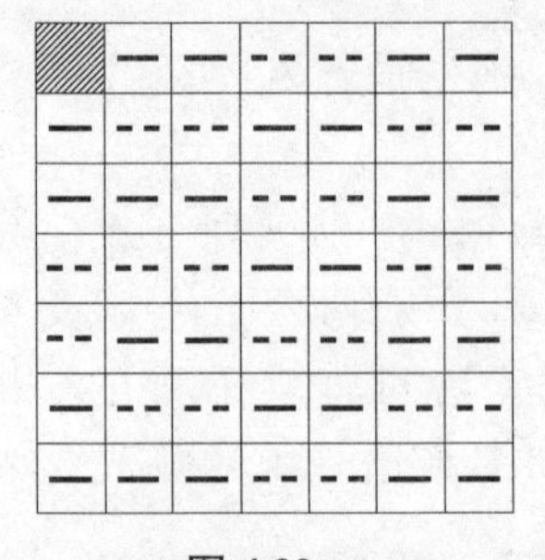

图 4.32

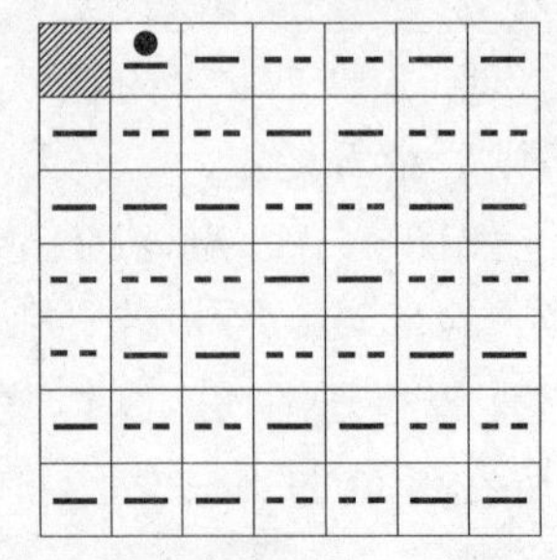

图 4.33

题 20　在国会里每一个议员至多有 3 名对手. 证明:国会能分成两个院,使每一个国会议员在他所在的那个院里至多有一个对手(约定:如果 B 是 A 的对手,那么 A 是 B 的对手).(1979 年全苏第 13 届数学奥林匹克试题)

证　先用任意的方式把议员分为两院.(不妨称为上、下院)对某一个议员可以对应一个卦:如果他在他所分的那个院里有 $k(k=0,1,2,3)$ 个对手,就用一个有 k 个阳爻的三爻卦来表示,例如,A 在院中有 2 个对手,则用卦☱表示. 这样,全体议员任意分成两部分后,就得到对应的三爻卦集合,例如

$$\underset{A}{☰},\ \underset{B}{☷},\ \underset{C}{☱},\ \underset{D}{☳},\ \cdots \tag{1}$$

这些卦表明,在这一分法中,A 有 3 个对手,B 无对手,C 有 2 个对手,D 有 1 个对手……

对于卦集(1)中的有 2 个阳爻的卦,例如 C,有两个阳爻. 不妨设 C 在上院,将他重新分配到下院. 由于 C 在下院最多只有 1 个对手,设为 P. 调动后,下院的卦中最多增加 2 个阳爻(C 的卦 1 个,P 的卦 1 个);但在上院中则至少减少 4 个阳爻(设 C 在上院的两个对手为 M,N,则减少的阳爻是:C 的卦 2 个,M,N 的卦各 1 个). 两院的卦中阳爻总数至少减少 2 个. 但开始时(1)中诸卦的阳爻数是有限的,经过若干次调整后,就不会再有 2 个或 2 个以上阳爻的卦. 即每个人在院中的对手最多只有 1 个.

题 21　一张无穷大格子上的某些格子涂成了红色,其余的涂成了蓝色. 同时,由 2×3 个格子组成的每一个矩形正好包含两个红格. 问:由 9×11 个格子构成

的矩形中包含有多少个红格.(1980 年全苏第 14 届数学奥林匹克试题)

解 包含 33 个.

我们在红格中放一个阳爻,蓝格中放一个阴爻,那么任何连续竖直的 3 格都构成一个 3 爻卦.如图 4.34 所示.

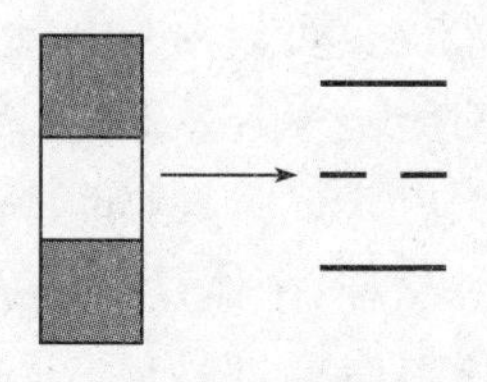

图 4.34

现在证明,任何一个 3 爻卦都是恰有一个阳爻的卦.事实上:

(1)因为任何 2×3 矩形都只有两个红格,一个 1×3矩形至多只有 2 个红格,因此没有 3 阳爻卦.

(2)如果有 2 阳爻卦,根据条件,其左右两边的 3 爻卦就不能再有阳爻,否则相应的 2×3 矩形将有 3 个阳爻

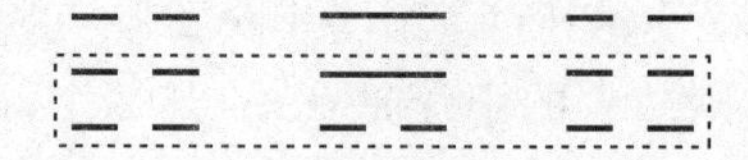

于是用虚线框出的 2×3 矩形中就只有 1 个阳爻,与假设矛盾.

(3)如果有 0 个阳爻的卦,则其左右两侧的卦依题设条件都应为 2 阳爻卦,如

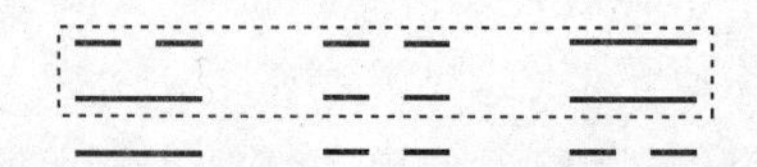

于是用虚线框出的 2×3 矩形有 3 个阳爻，矛盾.

这就证明了，任何 1×3 的矩形中恰有一个红格. 故 $9\times11=99=3\times33$ 的矩形中有 33 个红格.

题 22　在足球锦标赛中 18 个队彼此之间进行了 8 轮比赛，即每个队与 8 个不同的队进行了比赛. 证明：存在 3 个队，他们彼此之间暂时还没有进行过比赛.（1981 年全苏第 15 届数学奥林匹克试题）

证　任取 18 个队中的一队 A，用阳爻"—"表示，依题意，对其余的 17 个队可以分为两类：

第一类 8 队，每队都与 A 队比赛过，也都用阳爻表示.

第二类 9 队，每队都与 A 队未比赛过，都用阴爻"--"表示.

于是在每一轮比赛中，9 个阴爻最多能两两配成 4 对比赛，至少有其中一队要安排与第一类的队比赛，如

-- -- -- -- -- B
-- -- -- -- — D

其中第 5 组是阴爻与阳爻比赛，设为 B，D 两队，于是第二类中 B 以外的 8 个队，至多还有 7 个队与 B 比赛过，即至少有一队 C 未能与 B 赛过，否则，与 B 赛过的队将超过 9 队，与题意矛盾.

这样，A，B，C 3 个队就彼此未曾赛过.

另证　从某队 A 开始考虑. 由题设，A 已与 8 队赛过，与 9 个队尚未比赛. 考虑这 9 个队在前 8 轮中彼此之间的比赛情况. 对这 9 个球队，构造 9 个 8 爻的卦，若第一轮某队参与了比赛，则对应的卦第一爻用阳爻，若第二轮该队轮空，则第二爻用阴爻，等等. 所谓参赛与轮空都只限于这 9 个队相互之间而言. 因为 9 个

队至多只能配成 4 对比赛，所以在每一个爻位上至少有一个阴爻. 设 B 所对应的卦有一个阴爻，那么 B 至多参加了 7 场比赛，即只与 9 个队中除 B 以外的 8 队中的 7 个队比过赛，一定还有某队 C，未与 B 比赛.

于是 A,B,C 三队彼此尚未进行比赛.

注 实际上，未与 A 比赛的 9 个队，若要每两队都进行比赛，共需比赛 $C_9^2=36$ 场. 但 9 个队每一轮只能最多安排 4 场比赛，8 轮最多能安排 $4\times8=32$ 场比赛，尚差 4 场比赛，必然至少有两个队 B,C 尚未进行比赛.

题 23 3 个同学相会于图书馆. 同学甲说："从今天起我将每隔一天来图书馆". 同学乙说："我将每隔两天来图书馆."同学丙则宣布要每隔 3 天来图书馆. 图书管理员听了他们的话便提醒大家，图书馆每逢星期三休息不开放. 同学们回答说，如果我们碰上原定来馆日期是星期三，则顺延一天，以后他们的确是这样安排的. 在一个星期一，他们再度相会于图书馆. 问他们上次的相会谈话是星期几？（1982 年全苏第 16 届数学奥林匹克试题）

解法 1 同学们上次相会谈话的时间是星期六.

我们用倒推的办法列表推算. 同学们来图书馆的那天记以阳爻"—"，不来图书馆的那天记以阴爻"--". 便得到下面的表(图 4.35)：

星期	一	日	六	五	四	三	二	一	日	六	五	四	三
乙	—	--	--	—	--	--	—	--	--	—	--	--	?
丙	—	--	--	--	—	--	--	--	—	--	--	--	?
	—	--	--	--	—	--	--	--	--	—	--	--	--
甲	—	--	—	--	—	--	--	—	--	—	--	—	--

图 4.35

因为星期三休息在倒数 10 天之内不会影响乙同学，故可先填写同学乙来图书馆的情况：

再考虑丙，丙每隔 3 天来一次，可能碰上星期三. 若如表中第一行所填，则没有碰上乙的机会. 丙可能受到了星期三的影响，这时将如表中第二行所填，在上上周星期六，碰见了乙.

现在再考虑甲，看有没有可能在上上周星期六碰上乙、丙. 因甲每隔一天来一次图书馆，填表可知是有可能在上上周星期六遇到乙、丙的.

所以 3 人上次相会是上上周的星期六.

解法 2　乙每隔 2 天来一次，来图书馆的一天和间歇的两天共 3 天为一个周期，可用一个 3 爻的乾卦表示

——　——　——
——　——　——　…
——　——　——

类似的，甲同学和丙同学分别以 2 天或 4 天为一周期，可用 2 爻卦或 4 爻卦分别表示

——　——　——　…
——　——　——

——　——　——
——　——　——　…
——　——　——
——　——　——

要他们 3 个同时相遇，必须 3 人有同样多的爻. 由上可知，若乙不碰上星期三来馆，甲与丙分别有一天来馆时间碰上星期三而顺延一天的话，则倒推 9 天，3 人恰好相遇. 从星期一往前倒推 9 天，是上上周星期六. 经检验，3 人下次相遇确在第三周的星期一.

题 24　在阿巴部落里的一种语言只有两个字母.

已知这种语言的任何单词都不是另一个单词的词头.问:这个部落的语言词典里能否同时包括:3 个单词有 4 个字母,10 个单词有 5 个字母,30 个单词有 6 个字母,5 个单词有 7 个字母?(1983 年全苏第 17 届数学奥林匹克试题)

解 不可能.

我们把两个字母分别当作阳爻和阴爻.则几个字母的单词就是几爻的卦.

7 爻卦共有 $2^7=128$ 个.

7 爻卦可以由一个 4 爻卦和一个 3 爻卦重叠而成,3 爻卦有 $2^3=8$ 个.分别与 3 个 4 爻卦相重,而得 $3\times8=24$ 个 7 爻卦.

7 爻卦可以由一个 5 爻卦和一个 2 爻卦重叠而成,2 爻卦有 $2^2=4$ 个.与 10 个 5 爻卦分别相重可得 $10\times4=40$ 个 7 爻卦.

7 爻卦可由一个 6 爻卦与一个 1 爻卦重叠而成,1 爻卦有 2 个,与 30 个 6 爻卦分别相重共有 $30\times2=60$ 个 7 爻卦.

所以可以作为单词的 7 爻卦最多还有 $128-24-40-60=4$ 个.因此不可能有 5 个单词含有 7 个字母.

题 25 幼儿园的儿童排成两列纵队,每列人数相等,每列中男孩与女孩的数量相等.在同一排的两个孩子是一男一女的对数,和同排均为男孩或女孩的对数也相等.证明:孩子的人数能被 8 整除.(1983 年全苏第 17 届数学奥林匹克试题)

证 如图 4.36 所示,用阳爻表示男孩,阴爻表示女孩.每一纵列就是一个阳爻个数与阴爻个数相等的卦.而且两个卦在相同爻位上爻性相同与爻性相反的

爻位个数相同，如：

不妨设这是 n 爻的卦，两卦中有 m 个爻位上爻性相反，则有 m 个爻位的爻性相同，所以 $n=2m$，并且每卦中阳爻、阴爻各 m 个.

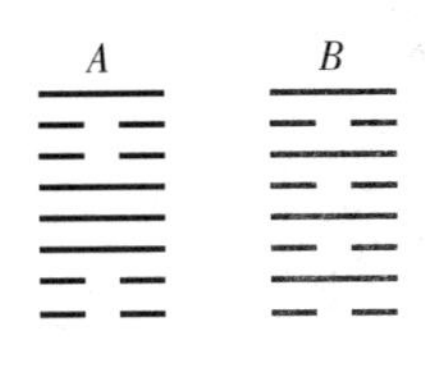

图 4.36

要证明 $2n=4m$ 能被 8 整除，只要证明 m 是偶数即可.

若 m 是奇数，则两卦中在爻性不同的 m 个爻位上，必有一卦比另一卦至少多一个阳爻. 不妨设 A 卦比 B 卦在这 m 个爻性不同的爻位上多 k 个阳爻，于是在两卦中，爻性相同的 m 个爻位上，A，B 两卦阳爻的个数相同，在爻性不同的 m 个爻位上，A 卦比 B 卦多 k 个阳爻（$k\geq1$）. 因此，A 卦比 B 卦整体上多 k 个阳爻. 与 A，B 两卦各卦的阳爻数均为 m 相矛盾. 这个矛盾证明了 m 不能为奇数，即 m 是偶数.

题 26　有一个正方体和两种颜色：红色和绿色. 两个人做这样的游戏：一个先选取正方体的三条棱，并将它们涂上红色. 他的对手从没有涂色的棱中选三条，并将它们涂上绿色. 在这之后，第一个人再取尚未涂色的三条棱涂上红色，他的对手最后取尚未涂色的三条棱涂上绿色. 谁第一个能把任何一面的所有棱都涂上自己的颜色，就算谁胜. 试问：如果第一个人采取正确的策略，他一定能获胜，对吗？（1984 年全苏第 18 届

数学奥林匹克试题)

解　不能.

如图 4.37,在正方体的 12 条棱上相间地放上一个阳爻或一个阴爻,以底面 $ABCD$ 上的 4 条棱为初爻,$EFGH$ 的 4 条棱为上爻,竖直的 4 条棱为中爻,则分布在两两异面的棱上的 3 个爻,可以构成下面的 8 个卦

☰, ☷, ☲, ☵, ☰, ☷, ☲, ☵

每条棱都分布在两个卦中,每个卦分布在 3 个面上,每 3 个面都对应着两个卦.

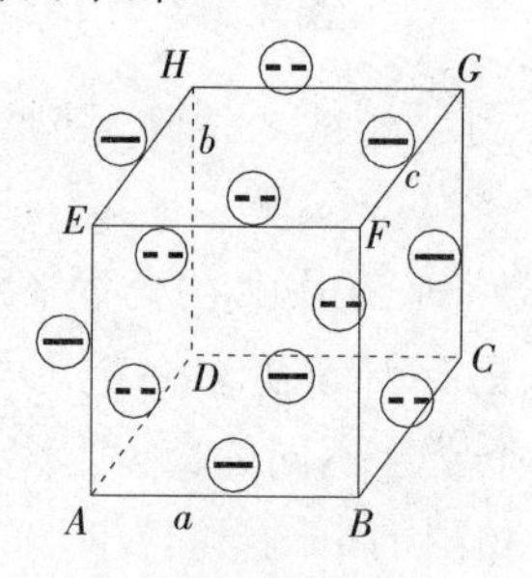

图 4.37

先取者先取的 3 条棱不管怎样取法,最多只能分布在 3 条不共面的棱上,即最多去掉上述 8 卦中的 1 卦. 后取者可取包含先取者所取的棱分布全部平面(最多 3 个)上的棱,这 3 个平面对应两个卦,先取者最多取掉 1 卦,最少还剩 1 卦,后取者可取所剩的 1 卦,将其所在的棱涂成绿色. 先取者所取棱所在的平面中,每一个平面都至少有一条棱被涂成绿色,所以先取者不能把一个面的 4 条都涂成红色. 第 2 轮的取棱,后取者可照此办理. 故先取者不能取胜.

题 27　有一个正方体,一个同样大小的带盖的正方体盒子和 6 种颜色. 每种颜色只涂正方体的一面和盒

子的一面.证明:可用适当的方式将正方体放到盒子里,使得正方体的每一面和跟它紧贴的盒子的那一面有不同的颜色.(1985 年全苏第 19 届数学奥林匹克试题)

证　不妨将盒子的 6 个面编号(图 4.38):$A'B'C'D'$——①,$ABCD$——②,$ABA'B'$——③,$BCB'C'$——④,$CDC'D'$——⑤,$DAD'A'$——⑥用 6 个一阳的易卦来代表 6 种不同的颜色,不妨设盒子的面是这样涂色的

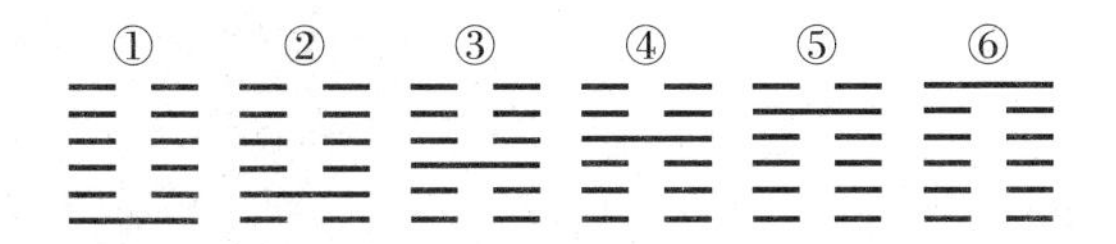

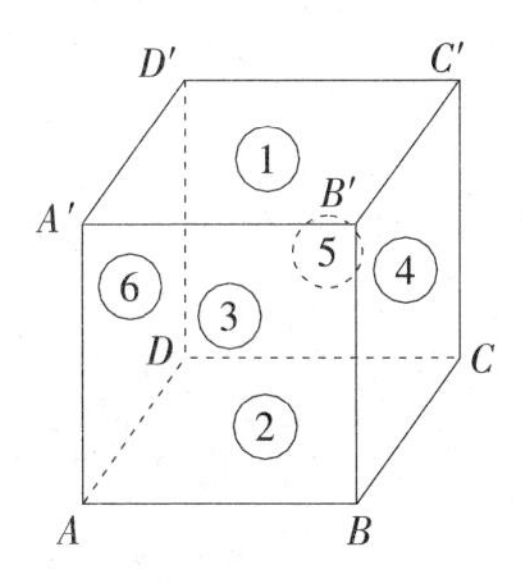

图 4.38

考虑䷎,䷏,䷇,䷖4 种颜色,总有两种涂在小正方体两个相对的面上,不妨设是䷎与䷏涂在小正方体两个相对的面①与②上,于是便可把小正方体的这两个面重于盒子的底面和盖面,然后转动侧面,使小正方体的颜色䷇对准盒子的颜色䷖的一面.

位于③④⑤三个面上的颜色是䷗,䷆,䷖无论怎样也不可能与盒子③,④,⑤三个面的颜色相同

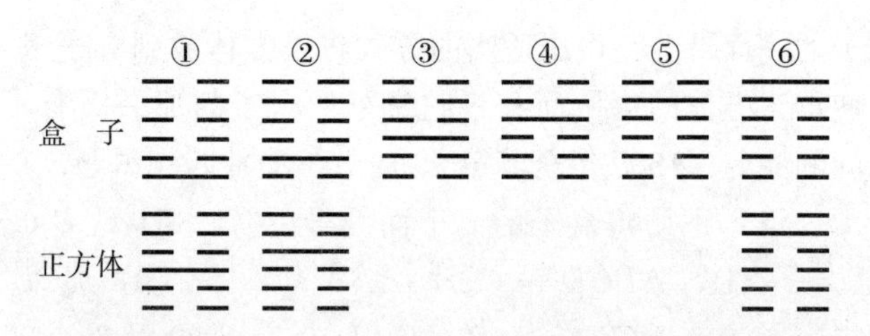

题 28　有 $n+1$ 个砝码，总重量为 $2n$，每个砝码的质量都是自然数. 天平的两个秤盘处于平衡状态. 将砝码逐个放到天平上去；首先放最重的（或者最重者之一），然后放余下砝码中最重的，如此继续下去. 同时，后放的每一个砝码都要放到当时较轻的秤盘上（如果两边平衡可放到任何一边的盘上）. 证明：当所有的砝码都放到天平上去时，天平处于平衡状态.（1984 年全苏第 18 届数学奥林匹克试题）

证　用一些 t 个阳爻的卦来表示质量为 t 的砝码，将 $n+1$ 个砝码依从轻到重排列起来（图 4.39）：

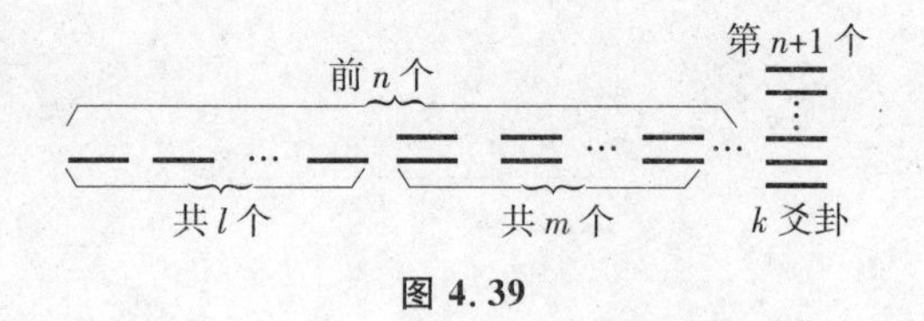

图 4.39

设最重的砝码质量为 k，质量为 1 的砝码有 l 个，若 $k>l$，则将最后一卦中的 k 个阳爻中提取 l 个阳爻，分别在每个 1 爻卦上加 1 爻（图 4.40）：

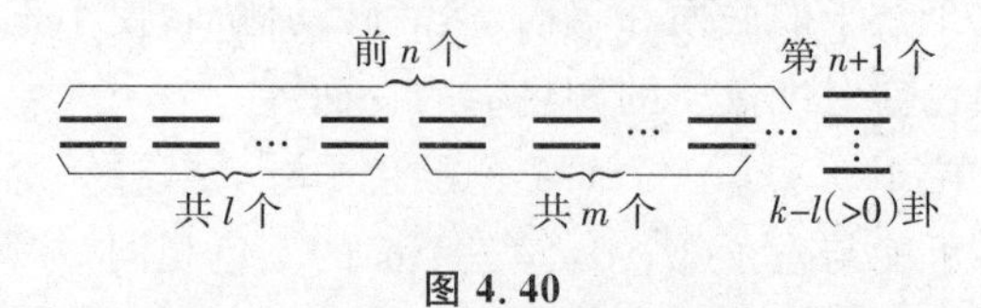

图 4.40

于是前 n 个卦中每卦至少有 2 爻，总爻数不小于 $2n$，最后一卦有 $k-l\geqslant 1$ 爻，$n+1$ 个卦的总爻数将超过 $2n$，与题议 $n+1$ 个砝码重 $2n$ 矛盾. 所以 $k\leqslant l$.

现在按要求往天平秤盘上放砝码时，两边质量之差不大于 k，当把所有质量大于 1 的砝码放完后，天平两边质量之差小于 k. 再把质量为 1 的 l 个砝码放上去，由于 $l>k$，必可使天平两边平衡.

题 29　甲乙两人轮流在黑板上写下不超过 10 的自然数，法则是禁止写黑板上已写下的数的约数，下一步无数可写的为失败者. 问先写者胜还是后写者胜？取胜的策略是什么？（1987 年苏联第 21 届数学奥林匹克试题）

解　先写者有取胜的策略.

考虑大于 5 的几个数. 我们画一个 10 爻的卦，它的各个爻位依次表示数 1，2，…，10. 取任一大于 5 的数，例如 10，在卦中将 10 和 10 的因数所在爻位用阳爻，其余爻位用阴爻，如图 4.41.

图 4.41

同样地，对于 9，8，7，6 可作出类似的卦，当先写者甲写下 10，9，8，7，6 中某数时，则对应的卦中

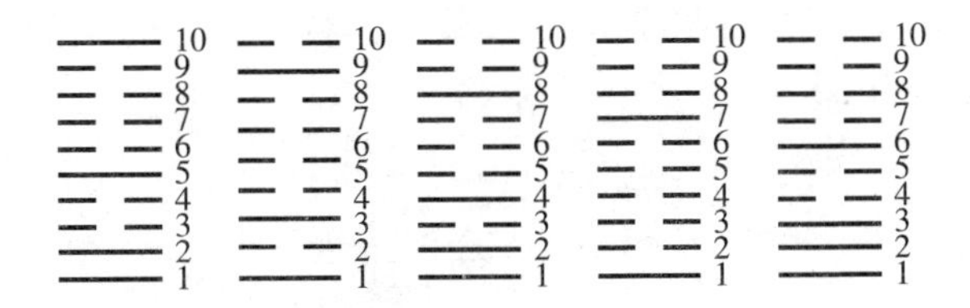

所有阳爻位上的数都不能再写. 为了便于控制，先写者甲应先写阳爻最多的卦所对应的数，即 10，8 与 6. 例如甲先写数 6，则将各卦中数 6 所对应的卦的阳爻所

在爻位都去掉后，得

```
━━━━━ 10   ━━ ━━ 10   ━━ ━━ 10   ━━ ━━ 10   ━━ ━━ 10
━━ ━━ 9    ━━━━━ 9    ━━ ━━ 9    ━━ ━━ 9    ━━ ━━ 9
━━ ━━ 8    ━━ ━━ 8    ━━━━━ 8    ━━ ━━ 8    ━━ ━━ 8
━━ ━━ 7    ━━ ━━ 7    ━━ ━━ 7    ━━━━━ 7    ━━ ━━ 7
━━━━━ 5    ━━ ━━ 5    ━━━━━ 5    ━━ ━━ 5    ━━ ━━ 5
━━ ━━ 4    ━━ ━━ 4    ━━━━━ 4    ━━ ━━ 4    ━━ ━━ 4
```

从卦中看到，还有 2 个以上阳爻的卦只有两个，相应的两个阳爻是 10 与 5，8 与 4. 下一步甲只要将剩下的 6 个爻位写成 3 组，但避免 10 与 5，8 与 4 同组. 那么不管乙写哪一个数，必在 3 个组的某一组内，甲接着可写该组中另一个数，待 3 组数写完，乙即无数可写而失败

```
第一组 < ━━ ━━ 10
         ━━ ━━ 9
第二组 < ━━ ━━ 8
         ━━ ━━ 7
第三组 < ━━ ━━ 5
         ━━ ━━ 4
```

完全同样地，如果甲先写 8，去掉阳爻位后，5 卦剩下的是

```
━━━━━ 10   ━━ ━━ 10   ━━ ━━ 10   ━━ ━━ 10   ━━ ━━ 10
━━ ━━ 9    ━━━━━ 9    ━━ ━━ 9    ━━ ━━ 9    ━━ ━━ 9
━━ ━━ 7    ━━ ━━ 7    ━━ ━━ 7    ━━━━━ 7    ━━ ━━ 7
━━ ━━ 6    ━━ ━━ 6    ━━ ━━ 6    ━━ ━━ 6    ━━━━━ 6
━━━━━ 5    ━━ ━━ 5    ━━ ━━ 5    ━━ ━━ 5    ━━ ━━ 5
━━ ━━ 3    ━━━━━ 3    ━━ ━━ 3    ━━ ━━ 3    ━━━━━ 3
```

各卦中尚有 10 与 5，6 与 3，9 与 3 三组阳爻可能配对，现将剩下爻位分为 3 组，避免 10 与 5，6 与 3，9 与 3 同组，下一步不管乙写哪一个数，甲都写同组的数，故甲必胜

```
第一组 < ━━ ━━ 10
         ━━ ━━ 9
第二组 < ━━ ━━ 7
         ━━ ━━ 6
第三组 < ━━ ━━ 5
         ━━ ━━ 3
```

题 30 某个国家有 21 个城市，由若干家航空公司担负它们之间的空运任务. 每家公司都在 5 个城市之间设有直达航线(无需着陆，且两城市间允许有几家

航空公司的航线)，而每两个城市之间都至少有一条直达航线. 问至少应有多少家航空公司？(1988 年苏联第 22 届数学奥林匹克试题)

解　我们画一个纵横 21×21 的表格(图 4.42)，在第 i 行第 j 列($i\neq j$)交叉处方格中置一个 n 爻卦表示第 i 个城市和第 j 个城市之间有第 n 家公司的一条直达航线，除第 i 行第 i 列的交叉方格不填卦外，每一列上有 20 个方格，共有 21×20＝420 个方格要置卦，同一公司的每两卦代表一条航线. 每家公司只在 5 个城市之间开辟直达航线，最多能开辟 $C_5^2=10$ 条航线，表示该公司航线的卦最多有 20 个. 所以至少要 420÷20＝21 家公司才能完成空运任务.

	1	2	3	4	5	6	7	8	9	10	11	12	13	14	15	16	17	18	19	20	21
21	⑭	㉑	⑬	⑭	⑲	⑲	㉑	㉑	⑲	⑩	㉑	⑩	⑬	⑭	⑬	⑭	⑩	⑩	⑲	⑬	×
20	⑳	⑫	⑬	⑱	⑱	⑳	⑳	⑱	⑨	⑳	⑨	⑫	⑬	⑫	⑬	⑨	⑨	⑱	⑫	×	⑬
19	⑪	⑫	⑰	⑰	⑲	⑲	⑰	⑧	⑲	⑧	⑪	⑫	⑪	⑫	⑧	⑧	⑰	⑪	×	⑬	⑲
18	⑪	⑯	⑯	⑱	⑱	⑯	⑦	⑱	⑦	⑩	⑪	⑩	⑪	⑦	⑦	⑯	⑩	×	⑪	⑱	⑩
17	⑮	⑮	⑰	⑰	⑮	⑥	⑰	⑥	⑨	⑩	⑨	⑩	⑥	⑥	⑮	⑨	×	⑩	⑰	⑲	⑩
16	⑭	⑯	⑯	⑭	⑤	⑯	⑤	⑧	⑨	⑧	⑨	⑤	⑤	⑭	⑧	×	⑨	⑯	⑧	⑨	⑭
15	⑮	⑮	⑬	④	⑮	④	⑦	⑧	⑦	⑧	④	④	⑬	⑦	×	⑧	⑮	⑦	⑧	⑬	⑬
14	⑭	⑫	③	⑭	③	⑥	⑦	⑥	⑦	③	③	⑬	⑥	×	⑦	⑭	⑥	⑦	⑫	⑫	⑭
13	⑪	②	⑬	②	⑤	⑥	⑤	⑥	②	②	⑪	⑤	×	⑥	⑬	⑤	⑥	⑪	⑪	⑬	⑬
12	①	⑫	①	④	⑤	④	⑤	①	①	⑩	④	×	⑤	⑫	④	⑤	⑩	⑩	⑫	⑫	⑩
11	⑪	㉑	③	④	③	④	㉑	㉑	⑨	③	×	④	⑪	③	④	⑨	⑨	⑪	⑪	⑨	㉑
10	⑳	②	③	②	③	⑳	⑳	⑧	②	×	③	⑩	②	③	⑧	⑧	⑩	⑩	⑧	⑳	⑩
9	①	②	①	②	⑲	⑲	⑦	①	×	②	⑨	①	②	⑦	⑦	⑨	⑨	⑦	⑲	⑨	⑲
8	①	㉑	①	⑱	⑱	⑥	㉑	×	①	①	㉑	①	⑥	⑥	⑧	⑧	⑥	⑱	⑧	⑱	㉑
7	⑳	㉑	⑰	⑰	⑤	⑳	×	㉑	⑦	⑳	㉑	⑤	⑤	⑦	⑦	⑤	⑰	⑦	⑰	⑳	㉑
6	⑳	⑯	⑯	④	⑲	×	⑳	⑥	⑲	⑳	④	④	⑥	⑥	④	⑯	⑥	⑪	⑲	⑳	⑲
5	⑮	⑮	③	⑱	×	⑲	⑤	⑱	⑲	③	③	⑤	⑤	③	⑮	⑤	⑮	⑱	⑲	⑱	⑲
4	⑭	②	⑰	×	⑱	④	⑰	⑱	②	②	④	④	②	⑭	④	⑭	⑰	⑱	⑰	⑱	⑭
3	①	⑯	×	⑰	③	⑯	⑰	①	①	③	③	①	⑬	③	⑬	⑯	⑰	⑯	⑰	⑬	⑬
2	⑮	×	⑯	②	⑮	⑯	㉑	㉑	②	②	㉑	⑫	②	⑫	⑮	⑯	⑮	⑯	⑬	⑫	㉑
1	×	⑮	①	⑭	⑮	⑳	⑳	①	①	⑳	⑪	①	⑪	⑭	⑮	⑭	⑮	⑪	⑪	⑳	⑭

图 4.42

另一方面,图 4.42 的表直接表明,有 21 家航空公司完全可以承担空运任务(为书写简便,用数字代表卦)

题 31 正方形被划分为 5×5 个方格,在其中一个方格内填有"—"号,在其余方格内均填有"+"号.每一次可以从中排出一个以方格线做边界的正方形.正方形中必须多于一个方格.然后同时改变写在正方形中所有方格内的符号.试问,一开始时,应将"—"号填在哪一个方格内,才能使得在经过有限次如上所述的变号之后,所有的方格中的符号都变成"+"号?(1991 年全苏第 25 届数学奥林匹克试题)

解 如图 4.43 所示,对放有阳爻的小方格来说,包含这些小方格中任何一个的 2×2 以上的正方形都包含有偶数个阳爻方格.因此,如果最初在这些带阳爻的格子里有一个是阴爻,那么在每一步变号之后,在包含原阴爻的正方形内都有奇数个阴爻.因此,不管进行多少次改变,最后总剩有阴爻.

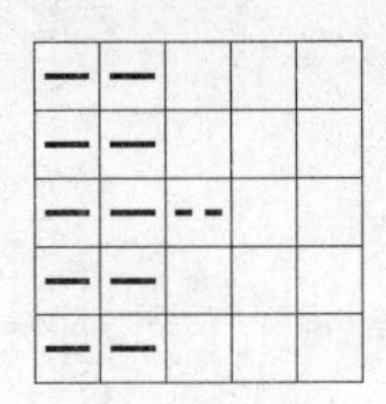

图 4.43

由于对称关系,当阴爻最初填在如图 4.44 三个带阳爻的长方形内时,同样不能使所有方格最后都变为阳爻.

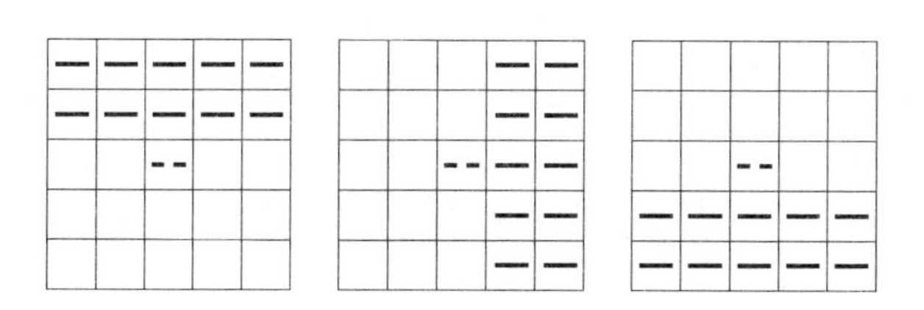

图 4.44

因此"一"号只能填在放阴爻的中心处.那么只要经过如下 5 次变号,即可都变为"+"号:先取左下角 3×3正方形;再取右上方 3×3 正方形,再分别取剩下的两个 2×2 正方形,最后取整个正方形.

题 32　图 4.45 是一个由 16 条线段组成的图形,证明:不能画出一条折线,它和图形中的每一条线段相交而且只相交一次.这条折线可以是开的,可以是自身相交的,但折线的顶点不能在线段上,而折线的边也不能通过线段的公共点.(1961 年全俄第一届数学奥林匹克试题)

证　图形把平面分成了 A,B,C,D,E,F 6 个区域,5 个小区域封闭,其中 A,B,D 3 个有 5 条边,两个区域 C,E 有 4 条边.除外部区域 F 外,每个小区域有几条边就在其中放几个阳爻,如图 4.46.

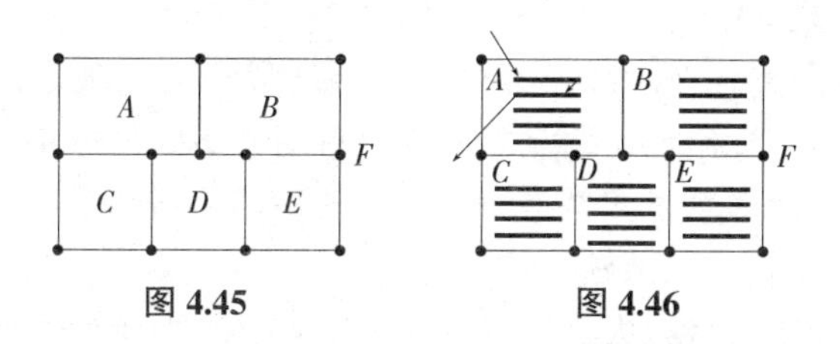

图 4.45　　图 4.46

假如能画出一条满足题目所求的折线,我们设想折线进入某一区域时(例如 A),因进来时穿过一条边,用折线连接一个阳爻来表示，离开这个区域时又连接另一个阳爻，表示穿过另外一条边．一进一出，每次就消掉两个阳爻．因此，如果某一小区域内若不包含折线的端点的话，阳爻的个数必须是偶数．因图4.46中A，B，D三个小区域都有奇数个阳爻，所以每一个区域都必须包含折线的一个端点，但折线最多有两个端点．这个矛盾证明了所要求的折线不存在．

注 本题与七桥问题是相同类型的问题．在6个区域中分别取一个点（不妨称它们是各区域中的陆地），把16条线段当作环绕它们的河流，和这线段相交的折线可做横跨河上的桥梁，就成为与七桥问题一类的问题．它是有6个顶点、16条线的网络图（图4.47），因它有4个奇点，所以不能一笔画．

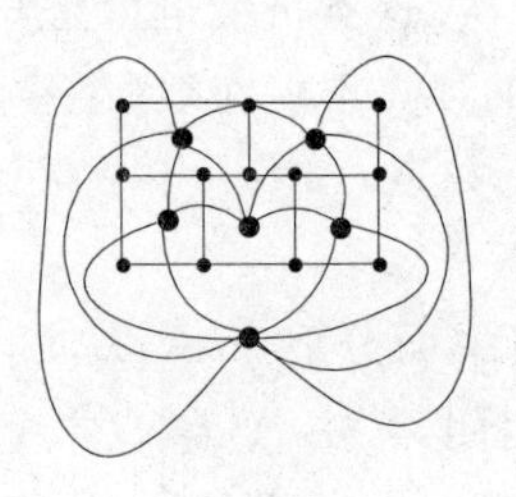

图4.47

题33 n个点由一些线段连结起来，已知每一个点和另外任何一个点都可以通过线段由此及彼，形成一条道路．但任何两点之间都没有两种不同的道路．证明：线段的总条数共有$n-1$条．（1961年全俄第一届数学奥林匹克试题）

解 根据“太极生两仪，两仪生四象，四象生八卦”的原理，画出一个生成系统图（图4.48）：

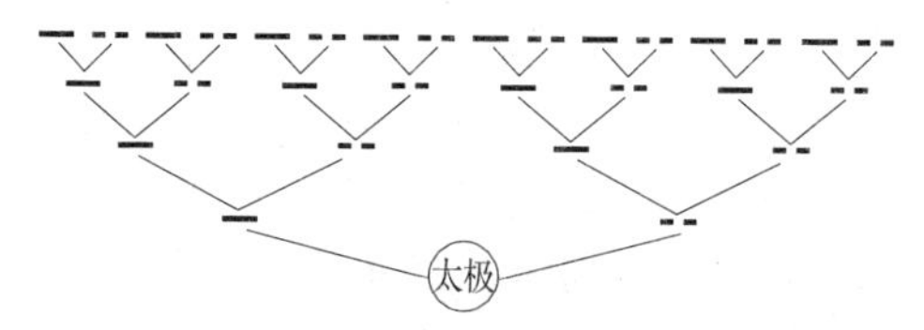

图 4.48

在这一系统中，任何两个爻（包括最下的太极圆）都可以沿着所画的线从一个爻走到另一个爻，并且道路只有唯一的一条. 现在在系统内任取 $n-1$ 个爻和作为太极的圈，共 n 个代表 n 个点，把没有取到的爻一律去掉，并把去掉了爻的地方原来的折线改为直线. 如图 4.49 中，加圈的爻表示去掉. 原来由 A 至太极 D 的道路 $A—B—C—D$，因 B，C 两处的爻去掉，原来的折线改为直线（虚线 AD）：

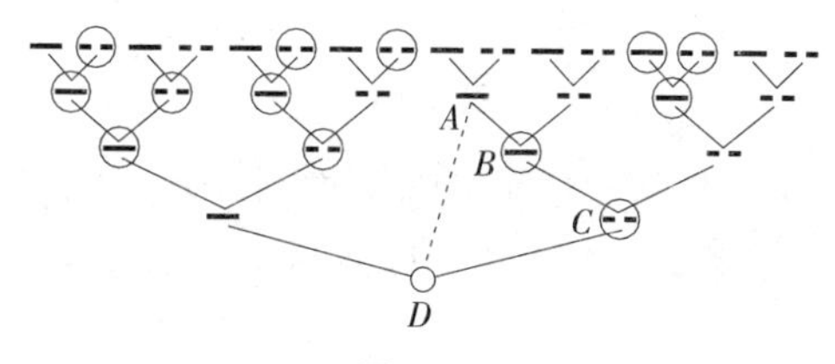

图 4.49

在做了这样的处理之后，就得到了一个简化了的新图，它是原系统的一个子系统，如图 4.50 所示：

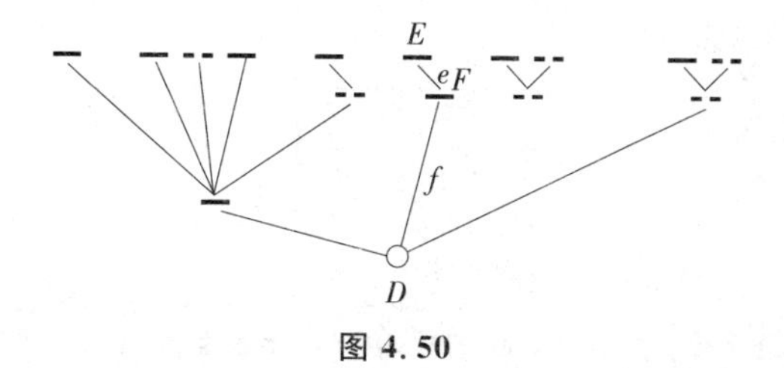

图 4.50

在图 4.50 中,任何两个爻之间都有道路相通而且通路是唯一的.把每一个爻(包括太极)看成本题中的一个点,完全符合题设的条件.注意到图 4.50 中,每一个爻都恰好与连接它与太极的折线中的第一条线段对应,如 E 对应线段 e,F 对应线段 f.因为除太极外,还有 $n-1$ 个爻,所以恰好对应 $n-1$ 条线段.

注 本题图形即图论中的“树”.所有的树都可以取一个顶点作为“根”.(如我们取太极圈为根),画成一棵树的样子.例如,在本题的图中,把爻换成点后就可以画成图 4.51 的样子.

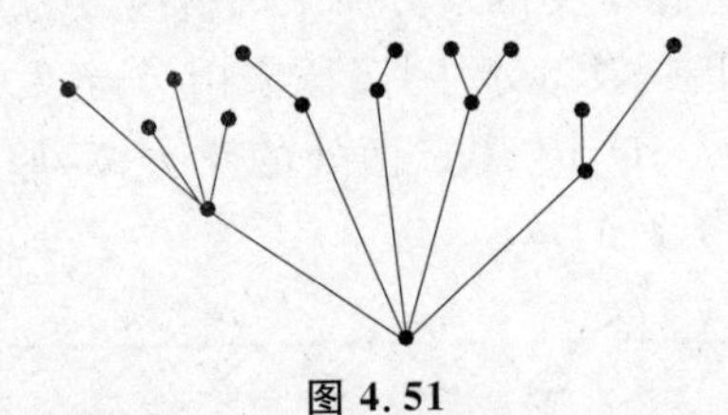

图 4.51

题 34 有 8 人参加国际象棋循环赛,并且他们的得分全都不相等.已知第二名的得分是最后 4 名选手得分的总和,问第三名和第七名之间的胜负如何.(1963 年俄罗斯第三届数学奥林匹克试题)

解 用一个阳爻“—”表示得 0.5 分,一个阴爻“--”表示得 0 分.则任何两个棋手之间比赛有 3 种可能情况:

A	胜 — —	平 — --	负 -- --
B	负 -- --	平 -- —	胜 — —

一场比赛有 2 个阳爻.

每人比赛 7 场,可用一个 14 爻的卦来记录他们的

得分情况.

后 4 人共赛 6 场,所以最后 4 卦中至少有 12 个阳爻,因此第二卦也至少有 12 个阳爻.

若第一卦有 14 个阳爻,则第二名与第一名比赛不能得阳爻,最多有 12 个阳爻.

若第一卦有 13 个阳爻,则第二卦的阳爻比第一卦至少要少 1 个,也最多有 12 个阳爻.

总之第二卦既不能少于 12 个阳爻,也不能多于 12 个阳爻,故恰有 12 个阳爻.所以后 4 卦也恰有 12 个阳爻.这意味着,后 4 名选后与前 4 名选手对局时任何一人都不能得一阳爻,特别的,第七名也不能在与第三名比赛时得到阳爻即第七名负于第三名.

题 35　在某个星系的每个行星上有一个天文学家观察最近的一个行星,行星之间的距离两两不相等.证明:如果行星有奇数个,那么就存在一个任何人都没有观察到的行星.(1966 年俄罗斯第六届数学奥林匹克试题)

证　取两个彼此距离最近的行星,显然这两个行星上的天文学家将互相观察.我们用两个阳爻表示

⚌

如果还有第三位天文学家也观察这两颗行星中的某一颗,则再加上一阳爻

☰

如果还有第四位天文学家也观察这两颗行星中的某一颗,则再加上一阳爻,如此类推.当把观察这两颗行星的人都画上阳爻后,再考虑剩下的天文学家中,互

相观察所在星球距离最近的一对，接在第一组阳爻之上画两个阴爻表示，如图 4.52.

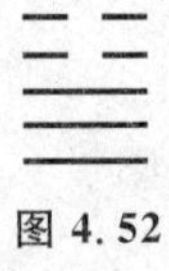

图 4.52

如果还有若干个观察这两个星球之一的天文学家，再在其上加上若干个阴爻，以此类推. 继续在剩下的相互观察所在星球的天文学家中选一对最近的，接在阴爻之上用两个阳爻表示，如此阳爻、阴爻相间地接下去，最后就得到一个 n 爻(假设有 n 个行星)的卦，卦可能有两种情况：一种是卦中有连续 3 个以上同性的爻，如图 4.53；一种是阳爻、阴爻两两交替出现，因 n 是奇数最上爻单独一个性，如图 4.54.

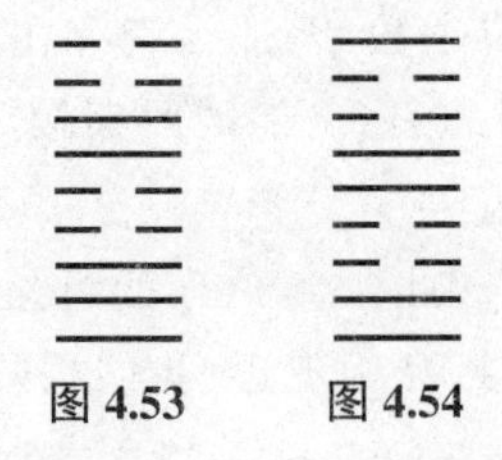

图 4.53　　图 4.54

对于第一种情况，至少有 3 个天文学家只观察到两个行星，其余的 $n-3$ 个天文学家要观察 $n-2$ 个行星，而每人只观察一个，因而至少有一个行星谁也没有观察到. 对于第二种情况，每两个连续同性的爻互相观察，最后剩下的那个单独的上爻所代表的行星，谁也没有观察到.

这就证明了所要的命题.

题 36　7 个正六边形组成的网眼(图 4.55)中，每一个六边形都涂上了白色或黑色. 任意选择一个网眼，

将它及与它相邻的网眼都改成相反的颜色. 证明:由图 4.55(a)的涂色方式,经有限次的按上述方法操作后,

(1)可将(a)变为(b)的涂色方式.

(2)不可能将(a)变为(c)的涂色方式.(1989 年俄罗斯第 15 届数学奥林匹克试题)

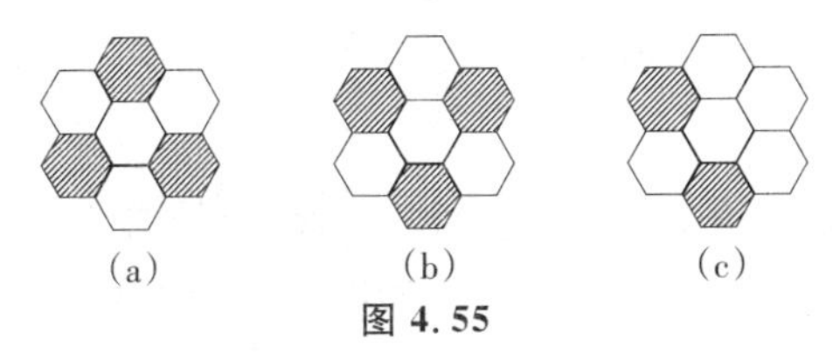

图 4.55

证　在白色网眼里放一个阳爻,黑色网眼(画有阴影的部分)里放一个阴爻(图 4.56).

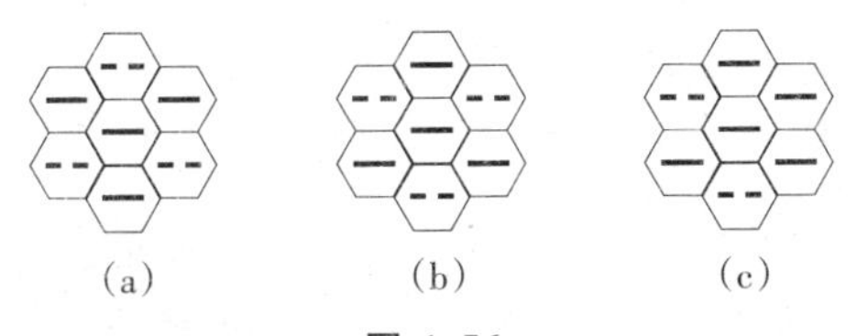

图 4.56

把这些爻依次按"同性得阳,异性得阴"的乘法法则运算,则(a)(b)(c)三个图像的乘积结果为

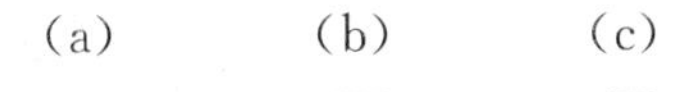

把一个网眼改变涂色后,相当于改变该网眼中的爻性,也相当于将该网眼中的爻乘以一个阴爻,或者将上述结果再乘一个阴爻.

(1)图 4.56(a)可通过有限次操作的证明:

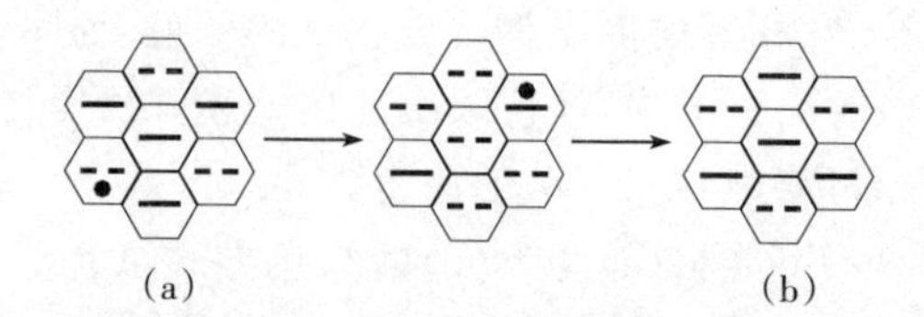

图 4.57

图 4.57 中打有“·”的网眼表示操作时选择这一个网点为改变涂色的基点.

(2)图(a)不能通过操作变为图(c)的证明：

考虑图 4.58 中标有字母 A,B,C,D 的 4 个网眼，不管在操作时选择哪个网眼为基点，这 4 个网眼中的爻或改变两个爻性，或改变 4 个爻性，都是偶数个，它们的乘积始终保持不变. 但图(a)中 A,B,C,D 4 个网眼中爻的乘积为一阳爻，图(c)中 4 个网眼中爻的乘积为一阴爻. 所以不能通过规定的操作把图(a)变为图(c).

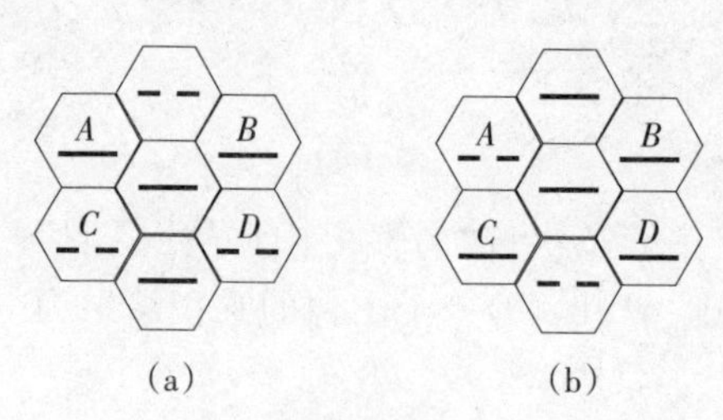

图 4.58

题 37 今有 25 枚外观相同的硬币，其中有 3 枚伪币和 22 枚真币. 所有真币的重量相同，所有伪币的重量也相同，但伪币轻于真币. 现有一架没有砝码的天平，试问：如何称量两次，从中找出 6 枚真币来？(1990 年全俄第 16 届数学奥林匹克试题)

解 用一个阳爻代表真币，一个阴爻代表伪币. 先去掉一枚硬币，把其余 24 个分成两组，一组 12 个，分

放在天平的两边称量一次.

(1)若天平两边平衡,则只能是图 4.59.

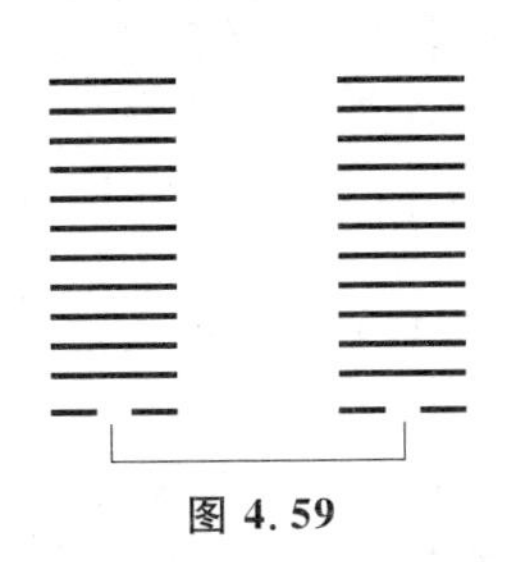

图 4.59

任取一边的 12 枚分成每边 6 枚再称一次,必为图 4.60.则较重的一边 6 枚均为真币.

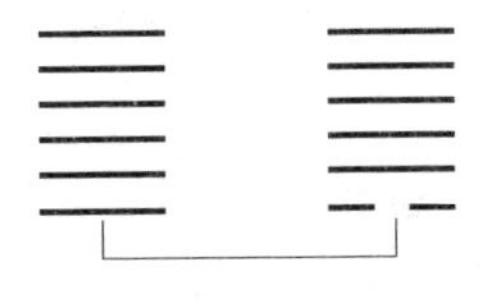

图 4.60

(2)若天平的两边失衡,则有 3 种可能(图 4.61):

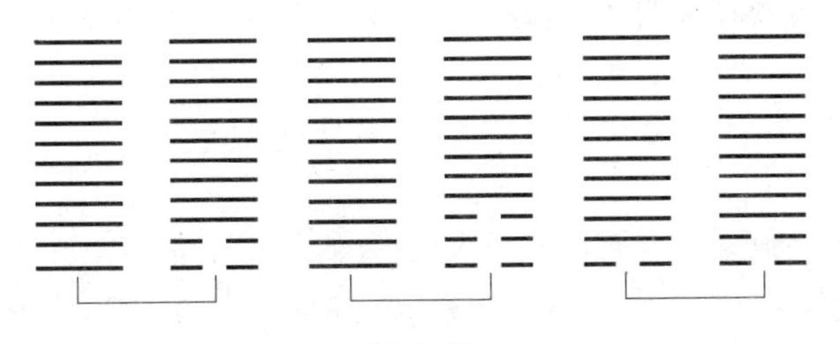

图 4.61

不管哪种情况,取较重的一边一分为二再称量一次,将出现图 4.62 的两种情况之一:

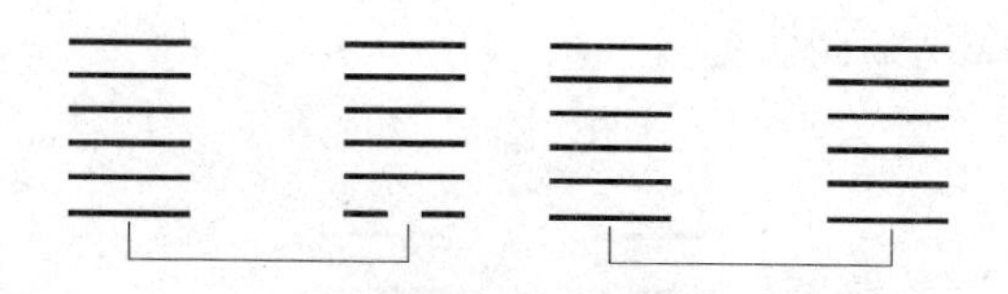

图 4.62

不管出现哪种情况取较重(若平衡时任取一边)一边的 6 枚硬币为真币.

题 38 100 个运动员参加赛跑,已知其中 12 个人中总有两个彼此熟悉的.证明:运动员的号码不论如何编排(未必是从 1 到 100),总可以找到两个彼此熟悉的运动员,他们的号码是以相同的数字开头的(即最高数位的数字相同).(1990 年俄罗斯第 16 届数学奥林匹克试题)

证 把 100 个运动员依次编号为 1,2,…,100.选 100 个 9 爻的卦;第 i 名运动员的编号用数字 j($j=1,2,\cdots,9$)开头,则第 i 卦的第 j 爻用阳爻,其余都用阴爻.

现在证明:一定在某一爻位上阳爻的个数不少于 12 个.事实上,如果每一个爻位上阳爻的个数都不超过 11 个,则在 9 个爻位上最多只有 $11\times9=99$ 个阳爻.

但另一方面,100 个运动员的每一个都有一个编号,有一个编号就有一个阳爻,共有 100 个阳爻,与每一爻位上最多只有 11 个阳爻矛盾.

因此,一定有一个爻位上至少有 12 个阳爻,不妨设是第 1 至第 12 个卦的 j 爻同为阳爻,则第 1 至第 12 人的编号都是用 j 开头的.

由题设 12 人中总有两个互相认识的人,这两个人

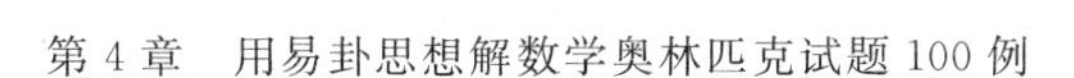

的编号是用同一个数字 j 开头的.

题 39　今有一块尺寸为 $n\times n$ 的木板，上面画有方格的网（即分成 n^2 个小方格）. 两位游戏者轮流用锯子将木板锯开，锯痕须自木板的边缘开始，或自某个已被锯及的结点开始. 每人沿方格线每次锯出单位长度的锯痕（要锯开木板）. 如果某人锯过后，木板断开了，则判该人输. 试问谁会取胜——是先开始锯的人还是其对手？（1991年俄罗斯第17届数学奥林匹克试题）

解　如图4.63所示，在木板的边缘及锯痕已至的结点都放一阴爻，其余的点放一阳爻，若某人从阴爻开始（下锯）锯到另一阴爻结束，木板必然断开. 因此，游戏者只要还能找到阳爻就不会输，如游戏者已找不到阳爻，则必输无疑. 因为一开始为 $(n-1)^2$ 个阳爻，如果双方都能采用正确的锯法，每次用掉一个阳爻，最后一个阳爻归谁取得，谁就会赢.

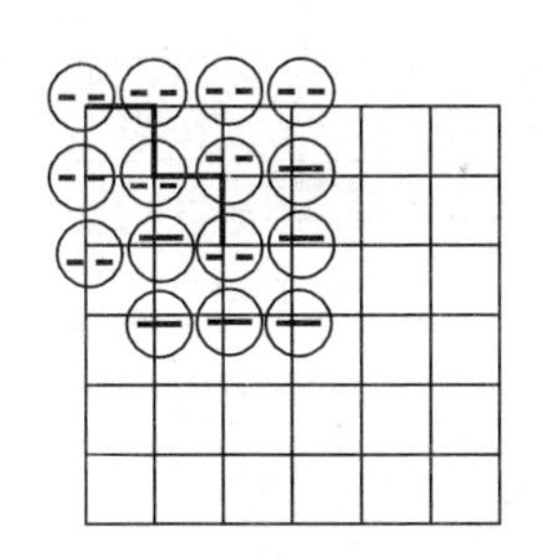

图 4.63

当 n 为奇数，$n-1$ 为偶数，$(n-1)^2$ 也为偶数，最后一个阳爻必为后锯者取得，故先锯者输.

当 n 为偶数，$n-1$ 为奇数，$(n-1)^2$ 也为奇数，最后一个阳爻必为先锯者取得，故后锯者输.

题 40　两人进行游戏，在一张 1×100 的纸带上轮流执步(该纸带被划分为 100 个单位小方格),在最左端的方格里放有一枚棋子,每一步可将棋子向右移动 1 格、10 格或 11 格,一直到某人不能继续如此执步,则判该人输. 试问:如果按照正确的方式执步,谁将获胜——是先执第一步的,还是其对手?(1991 年俄罗斯第 17 届数学奥林匹克试题)

解 如图 4.64,自左至右依次将方格编为 1~100 号. 如果从一个方格开始出发可以获胜,则在该格放一阳爻"**—**";如果从某一个方格出发必然会输的格则置一阴爻"**--**". 如果从某一方格出发只能落入阳爻格,则此格必为阴爻格,因对手下一步从阳爻格出发必能获胜. 如果从某一方格出发必可找到一个阴爻格落下,则此格必是阳爻格.

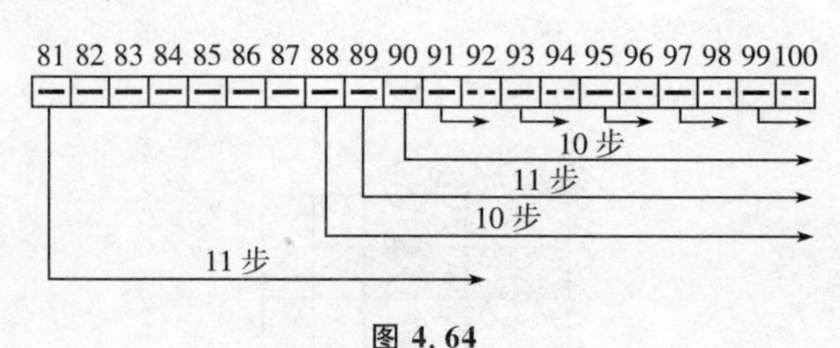

图 4.64

因为第 100 号格是阴爻,故第 99 号格是阳爻,第 98 号格是阴爻,如此交替下去,91 号格是阳爻格. 于是第 81 号至第 90 号都是阳爻,因为由这些格中的每一个出发都可以落入 91 到 100 号之间的某一阴爻格中. 类似地可知第 70~80 号的方格中,奇数号码的方格是阳爻,偶数号码的方格是阴爻,其情形与第 99 格与 100 格之间的情形类似. 第 61~70 号的方格又都为阳爻;如此继续,即知第 1 号方格为阴爻,所以先执步者会赢.

题 41 有一个 $n(n\geqslant 2)$ 列 6 行的表格,每格中填上 0 或 1,使得任何两列互不相同,并且若有两列填的数分别为 $(a_1,a_2,\cdots,a_6)$ 和 $(b_1,b_2,\cdots,b_6)$,则必有另一列为 $(a_1b_1,a_2b_2,\cdots,a_6b_6)$. 证明:必存在一行,其中 0 的个数不少于 n 的一半.(1991 年俄罗斯第 17 届数学奥林匹克试题)

证 用阳爻表示 1,阴爻表示 0,则每一列都是一个六爻卦. 并且若 A,B 都是表格中的卦,则 A,B 不同,并且按题目规定,与 $(a_1b_1,a_2b_2,\cdots,a_6b_6)$ 对应的卦(记作 AB)也在表格中.

当 $n=2$ 时,因只有两卦且两卦不同,不可能两卦在所有爻位上都是阳爻,至少在某一爻位上有一阴爻,那么在相应的行上 0 的个数不少于 1.

假设 $n>2$. 分三种情况讨论:

若表格中有一个阴爻的卦. 不妨碍一般性,可设为 $A=$䷪. 那么对表格中另一个第六爻为阳爻的卦 B,例如 $B=$䷴,则 A 与 B 的积 $C=$䷦也在表格中.(这里的乘法按布尔代数的乘法进行,即⚊×⚊=⚊,⚊×⚋=⚋×⚊=⚋,⚋×⚋=⚋),B 与 C 只有第六爻爻性相反,它们一一对应,所以在第六爻位上,阴爻的个数不少于阳爻的个数,即在相应的行上,0 的个数不少于 n 的一半.

若表格中有二阴爻的卦,不妨设为 $A=$䷡. 考虑表格中其余的卦最上两爻的情况,它们分别为"四象"之一

⚌　⚍　⚎　⚏

同上的论证,知最上两爻为⚌的卦数不会多于最上两爻为⚏的卦数,如果最上两爻为⚍的不比为⚎的卦数

少，则在第六爻位上，阴爻的个数不少于阳爻的个数，即在相应的行上 0 的个数不少于 n 的一半.

如果表格中没有一阴爻和二阴爻的卦，那么除了可能有一个乾卦䷀外，其余的 $n-1$ 卦每一卦都至少有 3 个阴爻. 又因为 $n>2$，如果两个卦恰好各有 3 个阴爻，因为两卦不同，它们的 3 个阴爻不可能全在相同的爻位上，这样它们的乘积至少多于 3 个阴爻，如

䷨×䷙=䷒

所以 $n-1$ 卦的阴爻个数多于 $3(n-1)$，它们分布在 6 行上，必有某行上的阴爻个数多于 $\frac{3(n-1)}{6}=\frac{n-1}{2}$，即不小于 $\frac{n}{2}$. 所以相应的行上，0 的个数不少于 $\frac{n}{2}$.

题 42 找出所有由 4 个实数组成的数组，使组中每一个数是该组中另两个数的乘积.（1991 年俄罗斯第 17 届数学奥林匹克试题）

解 根据“同性相乘得阳，异性相乘得阴”的法则，我们可以用 4 个爻代替实数.

（1）如果 4 个爻全是阳爻，显然满足题目条件. $A=$ {⚊,⚊,⚊,⚊}.

（2）如果有阳爻也有阴爻，则阴爻不能少于 2 个，因为若只有一个阴爻，其余 3 个是阳爻，则这个阴爻不能用其余 3 个阳爻中任何两个的乘积表示，所以阴爻必是 2 个或 3 个. 即

$B=${⚋,⚋,⚊,⚊}或 $C=${⚋,⚋,⚋,⚊}

（3）如果全是阴爻，按“同性得阳，异性得阴”的乘法不满足条件. 但可考虑定义“阴爻×阴爻=阴爻”，则

$D=\{$--,--,--,--$\}$仍合题设条件.

对于(1),(2)可令阳爻代表 1,阴爻代表 -1,它满足“同号相乘得正 1,异号相乘得负 1”,与爻的乘法规则相符,故得符合条件的 3 个 4 数组

$(1,1,1,1),(-1,-1,1,1),(-1,-1,-1,1)$

对于(3),令阴爻表示 0,则因 $0\times0=0$,符合“阴爻×阴爻=阴爻”的规定,故又得一个满足题设条件的 4 数组:$(0,0,0,0)$.

下面证明,除此 4 组外,再无别的 4 数组满足条件.

设 4 数组的绝对值分别为 a,b,c,d,且 $a\leqslant b\leqslant c\leqslant d$.

若 $a=bc$,则 $a\geqslant bc$;

若 $a=bd$,则 $a=bd\geqslant bc$,所以 $a\geqslant bc$;

若 $a=cd$,则 $a\geqslant bc$.

同理,$d\leqslant bc$. 所以

$$bc\leqslant a\leqslant b\leqslant c\leqslant d\leqslant bc$$

所以
$$a=b=c=d=x$$

于是由 $x^2=x$ 推出 $x=0,1$. 即 4 数组中任何一个数的绝对值只能为 0,1. 因此,4 数组的每一个数都只能为 $0,-1,1$.

题 43　在一本家庭照相册中有 10 张照片,每张照片上有 3 个人,某男士在中间,左边是他的儿子,右边是他的兄弟,已知中间的男士是不同的人,试问这些照片上最少有多少个不同的人.(1993 年俄罗斯第 19 届数学奥林匹克试题)

解　如图 4.65,我们用“两仪生四象,四象生八卦”的思路来分析.

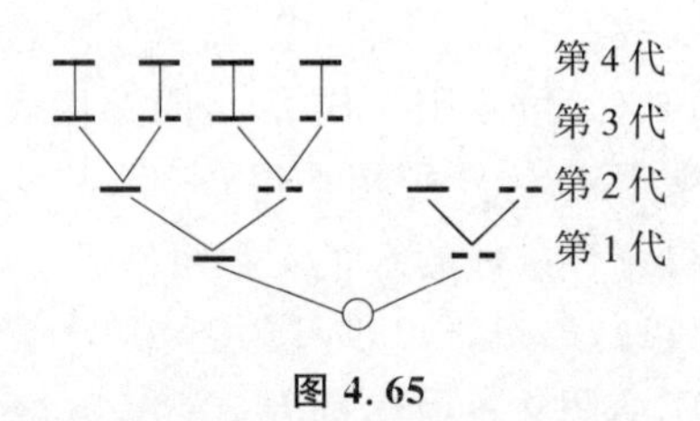

图 4.65

用太极表示照片中第一代人的父亲.因为每一代人都有兄弟,因此第一代不少于2人.

太极分成两仪,阳爻表示兄,阴爻代表弟.他们都有儿子,儿子也有兄弟,故还要继续一分为二,第二代至少有4人.第二代再继续分出第三代,因中间站的男士总共只有10人,故第二代最多可有两人分支,其余两人单支延伸.第三代要站中间,又必须有儿子,但第四代已不站中间,可以无兄弟无儿子,故第三代可单支延伸,如图4.66所示.图中共有16个爻,最少需要16个人.由图4.66知,16人的确可以达到照片的要求.

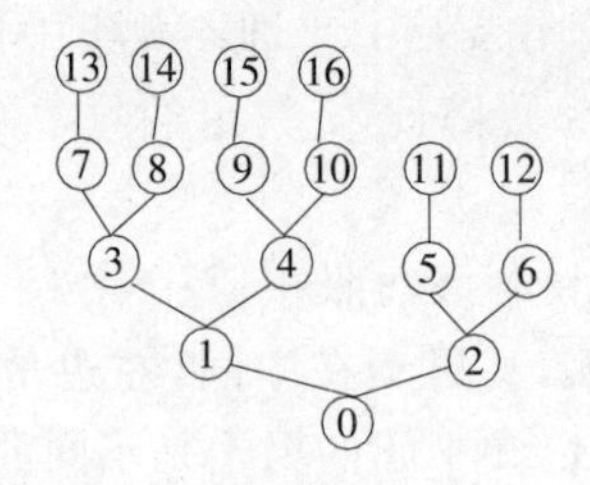

图 4.66

他们组成的10张照片是

③①②　⑤②①　⑦③④

⑨④③　⑪⑤⑥　⑫⑥⑤

⑬⑦⑧　⑭⑧⑦　⑮⑨⑩

⑯⑩⑨

题44　有两个大小不同的同心圆盘，均分成$2n$个相同的小扇形.外盘固定，内盘可以绕两圆的公共中心转动.将内、外两盘的所有扇形染成红、蓝两种颜色之一，且每种颜色的小扇形在内、外两盘总计各为$2n$个.证明：可将内盘转到一个适当位置使两盘中扇形对齐，而对应颜色不同的扇形不少于n对.（1959年莫斯科第22届数学奥林匹克试题）

证　我们用一个阳爻"**—**"表示红色，一个阴爻"**--**"表示蓝色.按"同性相乘得阳，异性相乘得阴"的乘法法则，将两个对齐的扇形中的爻相乘，则：

当内外两圆的扇形同色时，得到阳爻；

当内外两圆的扇形异色时，得到阴爻.

如果每一格旋转异色的扇形都小于n对，将各对扇形的两个爻相乘，得到阴爻个数都小于n.旋转一周共$2n$次.每次把对应扇形的两爻相乘，乘积中

$$\text{阴爻的总个数}<n\times 2n=2n^2 \qquad (1)$$

但我们换一种算法：设内圈有x个阳爻，则有$2n-x$个阴爻，外圈有阳爻$2n-x$个，阴爻x个.外圈的阳爻与内圈的阴爻相乘都得阴爻，有$(2n-x)=(2n-x)^2$个.外圈的阴爻与内圈的每一个阳爻相乘也得阴爻，共得x^2个.按照这个算法，在$2n$次旋转中，得

$$\text{阴爻的总个数}=(2n-x)^2+x^2=4n^2-4nx+2x^2 \qquad (2)$$

将(1)(2)联系起来就得

$$4n^2-4nx+2x^2<2n^2$$

或
$$n^2-2nx+x^2=(n-x)^2<0$$

这个矛盾的不等式证明了：必有某次旋转$2n$对对应的扇形异色的不少于n对.

题 45 有 20 张卡片，将数字 0 至 9 每一个都写在两张卡片上面. 试问，能否将这些卡片排成一排，使得两个 0 相邻，两个 1 之间恰有 1 张卡片，两个 2 之间恰有 2 张卡片等等. 直到两个 9 之间恰有 9 张卡片？(1965 年莫斯科第 28 届数学竞赛试题)

解 将 $10\times2=20$ 个位置的奇数位下放一个阳爻，偶数位下放一个阴爻. 于是，阳爻和阴爻各有 10 个(图 4.67)：

①②③④⑤⑥⑦⑧⑨⑩⑪⑫⑬⑭⑮⑯⑰⑱⑲⑳

4 (⑥)　7 (⑧)　4 (⑪)　7 (⑯)

图 4.67

按照题目的要求，两张偶数卡片之间相隔偶数个位置，所以如果第一张对着阳(阴)爻，第二张卡片就必对应着阴(阳)爻. 例如，两张写着 4 的卡片，如果第一张卡片对着⑥，⑥下是阴爻，另一张写有 4 的卡片就在⑪处，⑪下放的就是阳爻. 而相同的两张奇数卡片，要么对着两个阳爻，要么对着两个阴爻. 例如两张写有 7 的卡片，如果一张放在位置⑧，另一张就应放在位置⑯，在⑧与⑯两个位置下都是阴爻.

于是，10 张偶数卡片占据了 5 个阳爻和 5 个阴爻，剩下 5 个阴爻和 5 个阳爻留着放奇数卡片，但奇数卡片无论占据的阳爻还是阴爻都是偶数而不可能是 5. 因此，符合题目条件的放法是不存在的.

注 1 因为 $10=4\times2+2$，对于一般的正整数 $4n+2$，这个结论是否可以推广为一般性的命题，即：能否把 $1,1,2,2,3,3,\cdots,4n+1,4n+1,4n+2,4n+2$($n$ 为自然数)这些数排成一行，使得两个 1 之间夹着一个数，两个 2 之间夹着两个数……两个 $4n+2$ 之间夹着

$4n+2$ 个数.

推广后问题的答案仍然是否定的. 特别地，取 $n=496$，则 $4n+2=1\ 986$. 1986 年我国在南开大学首次举办中学生数学奥林匹克冬令营，在选拔参加国家数学奥林匹克集训队的选拔赛试题中就出了这道题目.

注 2　这个问题最早是一位名叫 Dudley Langford 的人于 1958 年在《数学杂志》上提出的：

几年前，我的儿子还很小，他常常玩颜色块. 每种颜色的木块各有两块，有一天，他把颜色块排成一列. 两个红的间隔 1 块，两块蓝的间隔两块，两个黄的间隔 3 块. 我发现可以添上一对绿的，使它们之间隔 4 块. 不过需要重新排列.

一般地，是否可以将两个 1，两个 2，……两个 m 排成一列，使两个 1 之间有 1 个数，两个 2 之间有 2 个数，两个 3 之间有 3 个数，……两个 m 之间有 m 个数？

当 $m=4n+1$，$m=4n+2$ 时，这样的排法不存在. 但当 $m=4n$ 或 $m=4m+3$ 时，这样的排法是存在的，而且合乎要求的不同排列方式数还大得惊人.

题 46　两个弈手轮流在 25×25 的象棋盘上置子，一人执白子，另一人执黑子，每颗棋子均置于空格之中，但若一个空格的相邻的(两个有一条公共边的格子称为相邻的)4 个格子已被同色的棋子占住，则禁止于其中置此种颜色的棋子，若轮到某人着棋时无处置子，则此人告输. 问按此规则，如果着法正确无误，问是先着棋者获胜，还是后着棋者获胜？(乌克兰第 32 届数学奥林匹克试题)

解　如果先着棋者采取如下策略，则可稳操胜券.

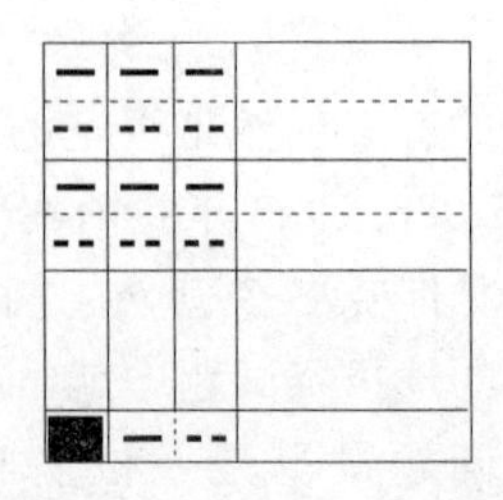

图 4.68

先着棋者在棋盘中先划出一格，例如图 4.68 中带有阴影的一格，然后把其余的(25×25－1)个小格分成一些 1×2 的小矩形(实线)，再把每个小矩形分成两个小正方形，一个小正方形里置一阳爻，另一小正方形里置一阴爻，先着者第一步只要把棋子放在带阴影的那个小方格中，以后不管对手把棋子放在何处，则先着棋者把棋子放在同一个 1×2 的矩形中，对手占的是阳爻格子，先着者就占阴爻格子；对手占的是阴爻格子，则先着者就占阳爻格子. 这样，先着者总有地方着子，因而获胜.

第 3 节　东欧诸国数学奥林匹克试题选解

东欧诸国是数学奥林匹克活动开展得最早的一些国家，如匈牙利的数学奥林匹克活动开展已有逾百年的历史，第一届国际数学奥林匹克也是 1959 年于罗马尼亚首都布加勒斯特举行. 这些国家，每年赛事频繁，除参加国际数学奥林匹克外，每个国家都举办自己的数学奥林匹克活动，还有许多双边的、多国的、地区性的竞赛活动. 他们在国际数学奥林匹克运动中，不仅是

历年参赛的主力军，而且一般都能取得良好的成绩. 这些国家都是数学奥林匹克命题的高手，不少知名的数学家亲自参与命题的工作. 他们的命题往往能另辟蹊径，独出心裁，每年都能提出一批有新意、有深度也有趣味的数学奥林匹克试题. 如著名的抽屉原理就是匈牙利最早引入数学竞赛中的.

题 47　证明：在任何 6 个人中，一定可以找到 3 个原来互相认识的人，或者 3 个原来互相不认识的人. (1947 年匈牙利数学奥林匹克试题)

证　在 6 人中任选一人，例如 A，对于其余的 5 人，如果与 A 认识，则用四象中的“⚌”表示，如果与 A 不认识，则用“⚏”表示. 于是 5 个二爻卦中，必有某种有 3 个以上. 不妨设“⚌”有 3 个

B———　C———　D———

A———　A———　A———

若 B,C,D 3 人互不认识，则本题已经证明.

若 B,C,D 3 人有两人互相认识，例如，若 B,C 互相认识，则如图 4.69 所示 A,B,C 3 人就互相认识，本题也得到了证明.

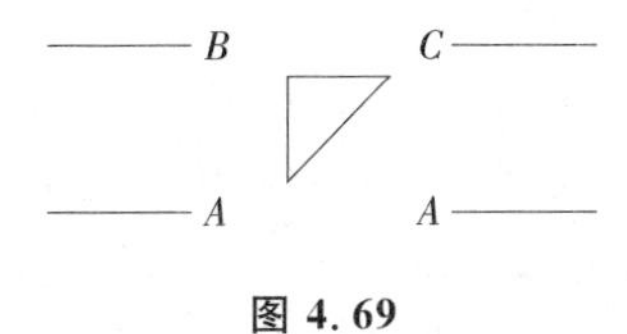

图 4.69

若开始时，“⚏”有 3 个，可以完全类似地得到证明.

综上所述，本题的结论成立.

注　本题是一道颇为著名的试题，它是在中学生

数学竞赛中最早引入“抽屉原理”的典型试题.由于它的形式新颖,解法巧妙,很快受到全世界各国数学工作者的重视,被许多数学杂志转载,它的各种变形或推广,至今不断出现在各种类型的数学竞赛中,数十年如一日,长盛不衰.各国出版的数学竞赛或智力开发的数学书刊,几乎没有不把它选作例题的.

题 48 给定一个自然数 n.由小于 n 的不同的自然数来构成两组数(同一组的各个数不同,但不同组的数允许相同).证明:如果两组数的总个数不小于 n,那么可以从每一组中挑选出一个数,使它们的和等于 n.(1953 年匈牙利数学奥林匹克试题)

证 用两个 $n-1$ 爻的卦 A,B 来表示两组数;若 1 在 A 组中,则 A 卦的第一爻为阳爻,若 2 不在 A 组中,则 A 卦的第二爻为阴爻等等.由题设 A,B 两卦中阳爻个数不小于 n.

取 B 的复卦 C,即将 B 卦倒转过来得一新卦 C.则 C 与 B 的阳爻个数相同,但 B 卦的第 k 爻($k=1,2,\cdots,n-1$)变成 C 卦的 $n-k$ 爻.

由于 A,C 两卦中阳爻个数不小于 n,爻位只有 $n-1$个,故必在某一爻位上,A,C 两卦同为阳爻.不妨设在第 k 个爻位上 A,C 同为阳爻,由卦的构造知,A 的第 k 个阳爻表示数 k 在 A 组中;C 的第 k 个阳爻是 B 的第 $n-k$ 个阳爻,表示 $n-k$ 在 B 组中.在 A 中取数 k,在 B 中取数 $n-k$,则 $k+(n-k)=n$.命题得证.

例:若 $n=7$,A,B 两组数分别为:

A 组$=1,2,5$;

B 组$=2,3,4,6$.

则两组对应的卦 A,B 及 B 的复卦 C 如图 4.70 所示:

图 4.70

A 与 C 的第一爻同为阳爻，B 的第六爻与 C 的第一爻同性，故可取 A 中的 1 和 B 中的 6，其和 $1+6=7$. 另外，A 与 C 的第五爻也同为阳爻，因而 B 的第二爻必为阳爻，也可取 A 中的 5 与 B 中的 2，$5+2=7$.

题 49　三兄弟在某一天去看望生病的朋友，而且在这一天三兄弟的妻子也去看望这个朋友，任何一个拜访者去的次数都不超过一次，三兄弟中每一个人在病友的房间里都遇到了他两个兄弟的妻子. 证明：三兄弟中至少有某一人在病房里遇到了自己的妻子.（1959年匈牙利数学奥林匹克试题）

证　我们用太玄图的“—”、“--”、“---”来表代三兄弟的妻子. 每种符号都使用两个，组成一个六画的太玄图. 下、上两画分别表示一位妻子到达或离去病房的时间顺序. 例如，图 4.71 表示：大嫂首先到达病房，然后二嫂到来，二嫂到来之后，大嫂离去，大嫂离去之后，三嫂到来，三嫂随即离去，二嫂最后离开病房.

图 4.71

如果大哥未碰见大嫂，只有两各可能：一种是，大嫂到达病房并离开之后，大哥尚未到来；或者大哥来了又去了之后，大嫂才来，但大哥在病房里碰见了二嫂和三嫂.所以,如果用一条虚线表示大哥到达或离去的时间,其中必有一条夹在两个“--”和两个“---”之间,而不可能在两个“—”之间.即两个“—”必须在“太玄图”的两头或两尾.如图4.72所示:

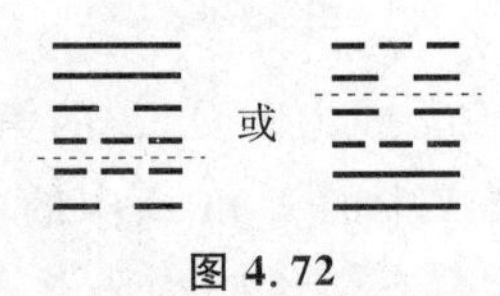

图 4.72

完全类似地,若二哥未碰见二嫂.两个“--”也必须在两头或两尾.三哥如果未碰见三嫂,两个“---”也必须在两头或两尾,但头、尾只有两处,不能同时被3种不同的爻画占领.这个矛盾证明了三兄弟中必有一人见到了妻子.

题 50 在毕业舞会上,每一个小伙子至少和一个姑娘跳过舞,但任何一个小伙子都没有和所有姑娘跳过舞;而每一个姑娘至少和一个小伙子跳过舞,但任何一个姑娘都没有和所有的小伙子跳过舞.证明:在所有参加舞会的人中,可以找到这样两个小伙子和两个姑娘,这两个小伙子的每一个只和这两个姑娘中的一个跳过舞,而这两个姑娘中的每一个只和这两个小伙子中的一个跳过舞.(1964年匈牙利数学奥林匹克试题)

证 不妨设有 m 个小伙子,n 个姑娘.如图4.73,给每一个小伙子对应一个 n 爻的卦,若这个小伙子与第一个姑娘跳过舞,则第一爻取阳爻,若这个小伙子与第二个姑娘没有跳过舞,则第二爻用阴爻,以此类推,那么就有 m 个卦反映出 m 个小伙子跳舞的情况.

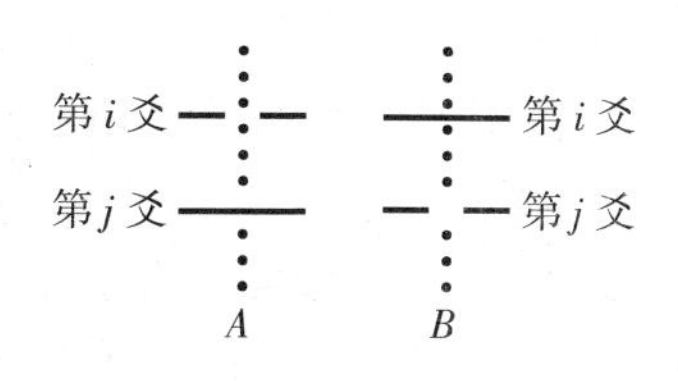

图 4.73

在这 m 个卦中必有一个阳爻最多的卦 A，但 A 中也至少有一个阴爻，否则就意味着 A 与所有姑娘都跳过舞，与题意不符，不妨设 A 的 i 爻为阴爻. 即第 i 个姑娘未与 A 跳过舞，但第 i 个姑娘至少与另一位小伙子 B 跳过舞，故 B 卦的第 i 爻是阳爻. 在 A 是阳爻的那些爻位上，B 至少有一个爻位是阴爻，否则 B 将比 A 至少多一个阳爻（第 i 爻），与 A 的阳爻最多矛盾. 不妨设在第 j 爻，A 是阳爻，B 是阴爻.

于是小伙子 A，B；姑娘 i，j 即合所求，小伙子 A 只与姑娘 j 跳过舞，小伙子 B 只与姑娘 i 跳过舞.

题 51　一个俱乐部中有 $3n+1$ 人，每两人可以玩网球、象棋或乒乓球，如果每人都有 n 个人与他打网球，n 个人与他下棋，n 个人与他打乒乓球. 证明：俱乐部中有 3 个人，他们之间玩的游戏是三种俱全.（1987 年匈牙利数学奥林匹克试题）

证　造一个 $(3n+1)\times(3n+1)$ 的表格，第 i 人与第 j 人玩网球，则在第 i 行第 j 列的方格中放一个“—”，若玩象棋则放一个“--”，若玩乒乓球，则放一个“---”. 那么每一列上恰好有 n 个“—”、n 个“--”、n 个“---”.

把同一列上每两个不同符号所成的对称为“异对”. n 个“—”与 n 个“--”可作成 n^2 个异对，同理“—”

与“- - -”,“- -”与“- - -”,也分别作成 n^2 个异对,故可作成 $3n^2$ 个异对.整个表中有 $3n+1$ 列,共有 $3n^2(3n+1)$ 个异对.

另一方面,总可找到三个数 i,j,k,在第 i,j,k 三行与第 i,j,k 三列交叉处的 9 个方格中,除了对角线的 3 格外,其余 6 格必可作成 3 个异对(图 4.74).

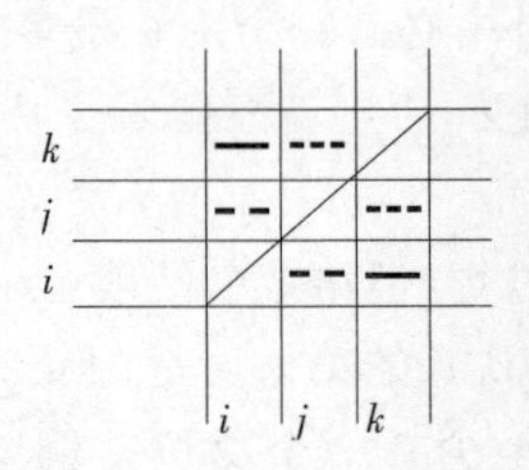

图 4.74

事实上,若任何三三组中都至多只有两个异对,因三三组有 C_{3n+1}^3 个,异色对最多只有 $2C_{3n+1}^3$ 个. $2C_{3n+1}^3=\frac{1}{3}(3n+1)\cdot 3n(3n-1)=n(3n-1)(3n+1)<3n^2(3n+1)$.所以,至少有一个三人组对应着 3 组异色对,即相应的 3 人之间玩的游戏三种俱全.

题 52 森林中住着 12 个漆匠,每人住在自己的房子里,房子被漆成蓝色或红色.在每一年的第 i 个月($i=1,2,\cdots,12$),第 i 名漆匠拜访他的所有朋友,如果朋友中多数的房子与他自己的房子颜色不同,那么他就将自己的房子漆成另一种颜色,以与大多数朋友一致.证明:经过一段时间,每一名漆匠均无须变更房子的颜色(朋友是相互的,并且不会变化).(1990 年匈牙利数学奥林匹克试题)

证 若两个朋友之间房子的颜色相同,则置一阳

爻,不同则置一阴爻.当某一漆匠改变自己房子的颜色后,阳爻的总数至少要增加一个(图 4.75).但爻的总数不超过 $C_{12}^2=66$ 个,因此,把阴爻变成阳爻的过程不可能无限制地进行下去.换句话说,经过一段时间后,每一名漆匠均无须改变自己房子的颜色.

注　本题亦为一典型的图论问题,参看本章第 2 节的第 13 题.

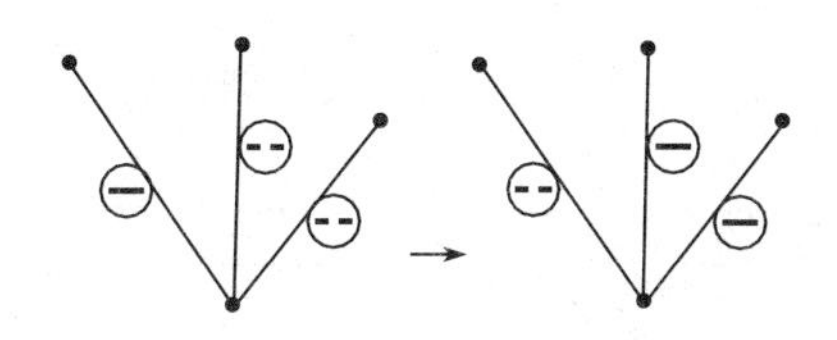

图 4.75

题 53　有 12 个漆匠住在分布在一环形公路边的 12 所房子中.这 12 所房子,某些刷上了红漆,其余刷上了蓝漆.每一个月,有一位漆匠提着足够的蓝漆和红漆,沿顺时针绕行公路.他从自己的房子开始,把每一所房子重新刷上另外一种颜色,一旦他第一次将一所红房子刷成了蓝房子时,他就停止自己的工作.

在一年之中,每一位漆匠恰恰做一次这样的旅行.证明:如果在年初的时候至少有一座蓝房子,那么到年底的时候,每一座房子仍然是与年初相同的颜色.(1990 年匈牙利数学竞赛试题)

证　用阴爻表示红色,阳爻表示蓝色.造一个 n 爻的卦 P_0,造卦的方法规定为:如果按顺时针方向,第一个漆匠的房子为红色,则第一爻为阴爻;如为蓝色,则用阳爻.类似地,第 i 个漆匠的房子为红色,第 i 爻用阴爻,第 i 个漆匠的房子为蓝色,则第 i 爻为阳爻.

现在定义 i—变卦的法则如下:从一个卦的第 i 爻开始,碰上阴爻,即将它变为阳爻,变卦即告结束;碰上阳爻,即将它变为阴爻,并对其上一爻(周而复始,第 n 爻的上一爻为第一爻)继续变卦.直至碰上阴爻变阳爻为止(本题中 $n=12$).

例如(图 4.76):

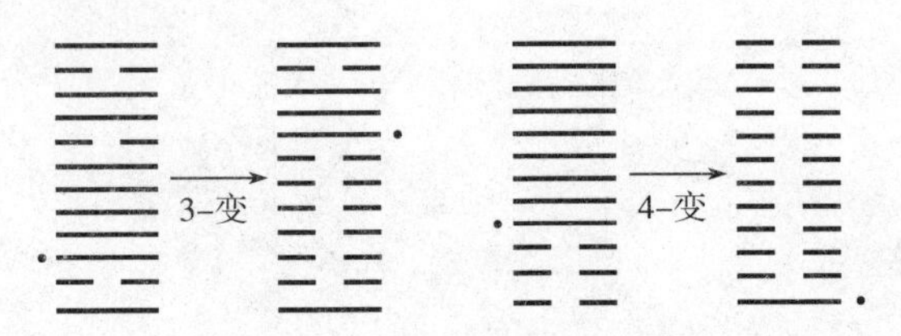

图 4.76

加"·"的爻分别表示变卦的起始爻和终止爻.

定义 Q_i 为第 i 爻为阳爻,其余各爻均为阴爻的一阳卦,如图 4.77 所表示的卦为 Q_9.

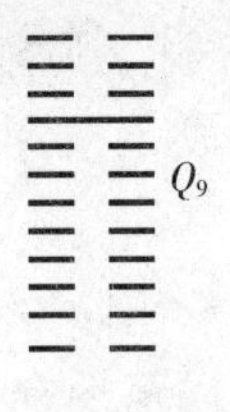

图 4.77

用卦 P_0 表示房子颜色的初始状态,则第一个漆匠改变颜色后得到的卦 P_1 相当于对 P_0 进行 1—变卦;第二个漆匠改变颜色后得到的卦 P_2 相当于对 P_1 进行 2—变卦;一般地,第 i 个漆匠改变颜色后所得的卦 P_i 相当于对卦 P_{i-1} 进行 i—变卦.而对 P_{i-1} 进行 i—

变卦，即相当于将 P_{i-1} 加上 $Q_i+(Q_{i+1}+\cdots+Q_{i+j})$，$j$ 表示从第 i 爻起连续阳爻的个数，加法法则按二进数的方法进行.

问题的结论是要证明：若 P_0 有阳爻，则 $P_n=P_0$.

不难证明：12 次变卦中，每次加上的卦除 Q_i 外，括号中的那些卦加起来恰好是 $Q_1+Q_2+\cdots+Q_n=Q$，为一个 n 爻全阳卦.

$$
\begin{aligned}
P_n &= P_{n-1}+Q_n+Q \\
&= P_{n-2}+Q_{n-1}+Q_n+Q \\
&= P_{n-3}+Q_{n-2}+Q_{n-1}+Q_n+Q \\
&\quad\vdots \\
&= P_1+Q_2+\cdots+Q_n+Q \\
&= P_0+Q_1+Q_2+\cdots+Q_n+Q \\
&= P_0+Q+Q \\
&= P_0
\end{aligned}
$$

题 54　给定自然数 n，令 $m=2^n$. 将 m 个黑白两色的棋子放在圆周上并做如下的调整：若某相邻的两个棋子同色，则在两子之间放一个黑子；若两个棋子异色，则放一个白子. 放好后将原来的棋子取掉，称为一次调整(图 4.78).

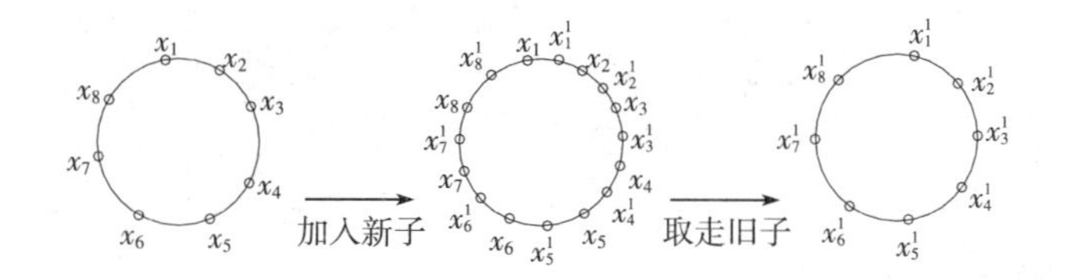

图 4.78

证明：经过 n 次调整之后，圆周上的棋子都变为黑子.(1977 年罗马尼亚数学奥林匹克试题)

证　我们用一个有 $m=2^n$ 个爻的卦来表示圆周上 m 粒棋子的分布状态. 用一个阳爻表示一粒黑子，一个阴爻表示一粒白子.

现在在两个相邻的同性爻之间插入一个阳爻，两个异性爻之间插阴爻. 第 m 爻认为与第一爻相邻，x_i 在第 i 爻. 如图 4.78 所示的状态，可用卦表示如图 4.79：

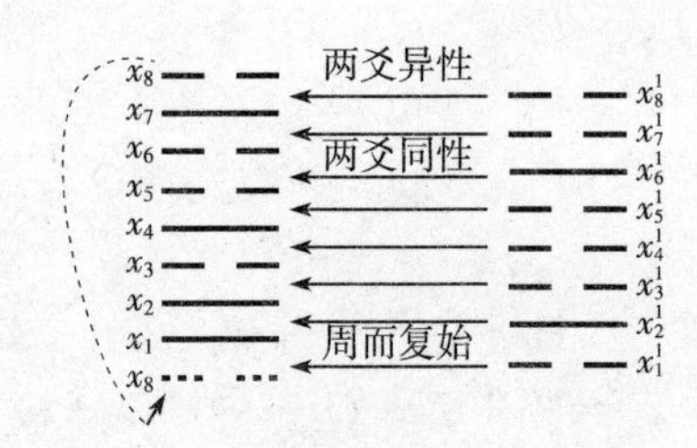

图 4.79

按照："同性得阳，异性得阴"的乘法法则，x_1^1 可看成由 x_1 与 x_2 相乘而来，x_2^1 可由 x_2 与 x_3 相乘而来，一般地有

x_{i+2}^{k-2}

x_{i+1}^{k-1}

x_{i+1}^{k-2}

x_i^k

x_{i+1}^{k-2}

x_i^{k-1}

x_i^{k-2}

一般地有

$$
\begin{aligned}
x_i^k &= x_i^{k-1} \cdot x_{i+1}^{k-1} \\
&= x_i^{k-2} \cdot x_{i+1}^{k-2} \cdot x_{i+1}^{k-2} \cdot x_{i+2}^{k-2} \\
&= x_i^{k-2} \cdot x_{i+2}^{k-2}
\end{aligned}
$$

$$
\begin{aligned}
&=x_i^{k-3}\cdot x_{i+1}^{k-3}\cdot x_{i+2}^{k-3}\cdot x_{i+3}^{k-3}\\
&=x_i^{k-4}\cdot x_{i+1}^{k-4}\cdot x_{i+1}^{k-4}\cdot x_{i+2}^{k-4}\cdot\\
&\quad x_{i+2}^{k-4}\cdot x_{i+3}^{k-4}\cdot x_{i+3}^{k-4}\cdot x_{i+4}^{k-4}\\
&=x_i^{k-4}\cdot x_{i+4}^{k-4}\\
&=x_i^{k-2^2}\cdot x_{i+2^2}^{k-2^2}\\
&\qquad\vdots
\end{aligned}
$$

当连续操作 $m=2^n$ 次之后,则有

$$x_i^m=x_i^{m-2^n}\cdot x_{i+2^n}^{m-2^n}=x_i^0\cdot x_i^0=x_i\cdot x_i=\text{阳爻}$$

所以经过了 $m=2^n$ 次操作后,所有的爻都变成了阳爻,即圆周上的点都成了黑点.

题 55　在小伙子和姑娘们参加的晚会上,有人发现,对其中任意一群小伙子中,至少认识其中一名小伙子的姑娘人数不少于这群小伙子的人数.证明:每个小伙子都可以和他所认识的姑娘结伴,共同起舞.(1978 年罗马尼亚数学奥林匹克试题)

证　不妨设有 n 个小伙子,m 个姑娘,将小伙子依次编号为 $1,2,\cdots,n$;姑娘依次编号为 $1,2,\cdots,m$.

制造 n 个 m 爻的卦,若第 i 个男孩认识第 j 个姑娘,第 i 个卦 B_i 的第 j 爻用阳爻;若第 i 个男孩不认识第 j 个姑娘,则 B_i 卦的第 j 爻用阴爻.由题设,对任意 k 个卦($k\leqslant n$),这 k 个卦上的阳爻不少于 k 个.题目要证明的是:这 n 个卦中每一卦都有一个阳爻,使 n 个阳爻分布在不同的爻位上(爻数 $m\geqslant n$).

我们用数学归纳法证明:

当 $n=1$ 时,只有一个卦,卦中至少有一个阳爻,这个阳爻不管在哪一个爻位上,结论都成立.

假定对所有小于 n 个卦的情形,结论都成立,下面证明:对 n 个卦时结论也成立.分两种情况讨论:

(1)如果存在 k 个卦($k<n$),它们的阳爻个数恰有 k 个,由归纳假定,这 k 个爻恰好分布 k 个卦中不同的爻位上.现在把剩下的 i 卦加进来($i<n$),共 n 卦.由题设 n 卦中每卦至少有一个阳爻,阳爻的总数不少于 n 个,由于前 k 卦中只有 k 个阳爻,所以后面的 i 卦中阳爻的个数不少于 $n-k=i$,这 i 个阳爻中任何一个都不可能在原来的 k 个爻位上.因 $i<n$,再根据归纳假设,这 i 个卦中也恰好有 i 个阳爻分布在 i 卦中与前 k 个爻不同的爻位上.

(2)如果对任意的 $k<n$,k 个卦上的阳爻总数大于 k.先去掉 1 卦(此卦所代表的小伙子与卦中某一阳爻所代表的姑娘先结伴去跳舞),剩下的 $n-1$ 卦仍满足题设条件:因为任意的 k 卦上阳爻的个数不少于 $k+1$ 个,除了其中 1 个可能已经与去掉那一卦所代表的小伙子先去跳舞以外,仍不少于 k 位.所以符合题设条件.但 $n-1<n$,由归纳假设,这 $n-1$ 个卦中一定有 $n-1$个阳爻分布在 $n-1$ 个与已去掉的那个阳爻不同的爻位上.

题 56 给定一凸 n 面体($n\geqslant5$),每个顶点恰好引出 3 条棱.有两人在玩下面的游戏,每人都在一个尚未签名的界面上写下自己的名字,谁先把自己的名字签在具有公共顶点的三个界面上,谁就算赢.证明,先写者总有取胜的策略.(1978 年罗马尼亚数学奥林匹克试题)

证 这里要用到关于凸多面体的欧拉定理:

一个凸多面体的顶点数 V、棱数 E、面数 F 之间满足关系式

$$V+F-E=2$$

首先证明:给定的凸多面体至少有一个界面不是三角形.

用反证法,设它的每一个界面都是三角形,因为每个界面有 3 条棱,每条棱同属于两个界面,所以多面体有$\frac{3n}{2}$条棱,又因为每个界面有 3 个顶点,每个顶点同时在 3 个界面上,所以多面体恰有 n 个顶点.即在欧拉公式中,有

$$V=n,F=n,E=\frac{3n}{2}$$

代入欧拉公式即得

$$n+n-\frac{3n}{2}=2$$

得 $n=4$,与 $n\geqslant 5$ 矛盾.

所以,凸多面体至少有一个面是四边以上的凸多边形.不妨设有一个界面是四边形,用“四象”标出与这个有四边的界面相邻的(有一条公共棱的)4 个界面,如图 4.80 所示.

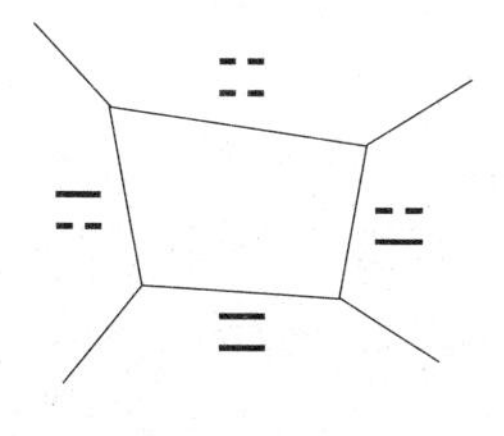

图 4.80

先写者甲应首先把名签在这个四边形界面内.后写者签名后最多能占住“四象”中一象所占的界面.不妨设乙占住了“⚌”所在的界面.则第二轮签名时,甲可签在与“⚌”相对的“⚏”所在面上.后写者乙不管如何

签名,只能占住“⚎”与“⚍”两者中的一个界面.若乙占了“⚎”,则甲在第三轮签名于“⚍”所在界面而获胜;若乙占了“⚍”所在的面,则甲在第三轮签名于“⚎”所在的面而获胜.

如果凸多面体有一个多于四边的界面,则更容易类似地证明.

题 57 在平面上给定一个 n 个点的集合 M,其中任意三点不共线.两个端点在集合 M 中的每条线段都标上一个数+1 和-1,而且标上-1 的线段个数为 m.如果顶点都在 M 中的三角形的三边上的数之乘积为-1,则三角形称为负的.证明:负三角形的个数与乘积 nm 同奇偶.(1978 年罗马尼亚数学奥林匹克试题)

证 把标有+1 的线段标以阳爻“⚊”,标上-1 的线段标以阴爻“⚋”.把每一个三角形三边上的爻按“同性相乘得阳,异性相乘得阴”的办法相乘,则对于负三角形将对应一个阴爻.再把所有三角形对应的爻乘起来,设得到阴爻的三角形有 k 个,则这个乘积为阳爻,当 k 为偶数时;这个乘积为阴爻,当 k 为奇数时.

但另一方面,由于每一条线段要在 $n-2$ 个三角形上出现(因为每一条线段都可以和其余的 $n-2$ 个点构成一个三角形).所以每一个阴爻要在乘积中出现 $n-2$ 次,今有 m 个线段有阴爻,故在乘积中阴爻共出现 $m(n-2)$次.因此,如果 $m(n-2)$为偶数,则乘积为阳爻;若 $m(n-2)$为奇数,则乘积为阴爻.

综合两种情况知 k 与 $m(n-2n)$ 同奇偶,但是 $m(n-2)=mn-2m$,与 mn 同奇偶.所以 k 与 mn 同奇偶.即对应乘积为阴爻的三角形的个数与 mn 有相同的奇偶性.

题 58　由 5 人组成一个公司，其中任意 3 个人总有 2 人彼此认识，也总有 2 人彼此不认识. 证明：这 5 人可以围桌而坐，使得相邻的人彼此认识.（1978 年保加利亚数学奥林匹克试题）

证　如图 4.81，我们用一个三爻卦来表示 3 个人互相认识的关系，一个爻是阳爻，表示此爻与它上面一爻（第三爻上面一爻循环到第一爻）互相认识，若一个爻为阴爻，则表示此爻与其上面一爻不认识. 依题意，5 人中任何 3 人既不能组成坤卦☷，也不能组成乾卦☰，必为图 4.81 中两卦之一.

☲　　☳

图 4.81

所以，任何一个人都不能同时与其余 4 人中的 3 人认识. 事实上，此人认识的 3 人无论组成上述两卦中哪一种，我们把此人换掉上述两卦中的第三爻，则第二爻必须变为阳爻，于是

☲ ⟶ ☰　　☳ ⟶ ☰

与任何 3 人不能组成乾卦☰相矛盾.

同理可证，任何一个人也不能与其余 4 人中的 3 人不认识.

所以任何人对其余 4 人恰有 2 人认识，2 人不认识. 不妨设这 5 人为①②③④⑤，①认识②③，但不认识④⑤.

现在来造 5 个 5 爻的卦：第 i 卦第 j 爻用阳爻，若

i 与 j 认识(约定 i 与 i 不认识);用阴爻,若 i 与 j 不认识.显然,这 5 个卦中,每一卦都恰有两个阳爻,三个阴爻;每一爻位上也恰有两个阳爻,三个阴爻.因此,造出的 5 个卦,只能如图 4.82 所示:

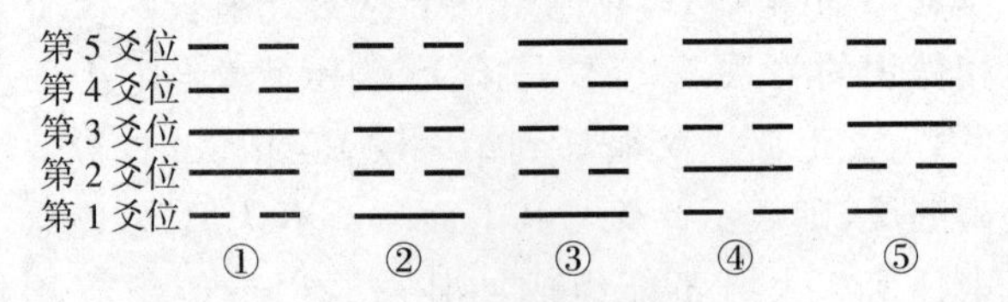

图 4.82

于是,下面图 4.83 的坐法就符合题目要求.

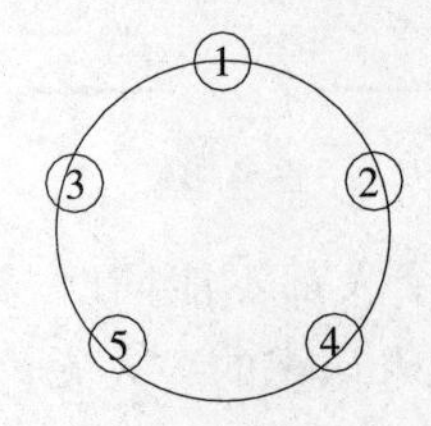

图 4.83

题 59 在某个国家,任意两个城市之间用下列交通工具之一进行联络:汽车、火车、飞机.已知没有一个城市同时拥有这三种交通工具,并且不存在这样三个城市,其中任意两个在联络时都用同一种交通工具.这个国家最多有多少个城市?(1981 年保加利亚和美国数学奥林匹克试题)

解 最多有 4 个城市.

我们先证明 4 个城市可有符合条件的交通网.如图 4.84,用 A,B,C,D 代表 4 个城市.用太玄图的"—"、"--"、"---"分别代表汽车、火车和飞机三种交通工具.

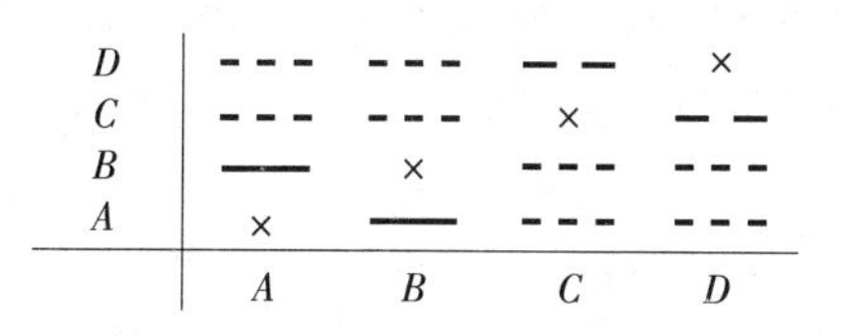

图 4.84

下面证明：对 5 个城市没有符合条件的交通网. 由题设条件，在图 4.85 的任一列上，没有三个的符号完全不同. 下面证明，也没有三个符号能完全相同. 事实上，不妨设有：

	A	B	C	D	E
E					×
D	—			×	
C	—		×		
B	—	×			
A	×	—	—	—	

图 4.85

由 B,C,D 之间不能再有符号“—”. 若 B,C 之间用“--”联络，则 B,D 之间也只有用“--”联络，否则 B 将出现 3 种不同的符号. 对 C 与 D 之间有同样的结论，也只能用“--”联络，从而得出图 4.86：

由图 4.86 看出，B,C,D 之间都只用“--”联络，与题设矛盾. 这个矛盾证明了：任一列上不能有 3 个相同的符号.

	A	B	C	D	E
E					×
D	—	--	--	×	
C	—	--	×	--	
B	—	×	--	--	
A	×	—	—	—	

图 4.86

由此可知，图 4.86 每一列上恰有两种不同符号，每一种恰有 2 个. 由于对称关系，每种符号都成 4 的倍数出现. 由于表中总共具有 $5\times4=20$ 个符号，三种符号中必有一种只出现 4 个，不妨设为“—”. 并设“—”在 A 列上有两个，且在 A 列上 B，C 位置(图 4.87)，根据已证的结论，B 列、C 列上都必须再有一个符号“—”，与一共只有 4 个“—”矛盾.

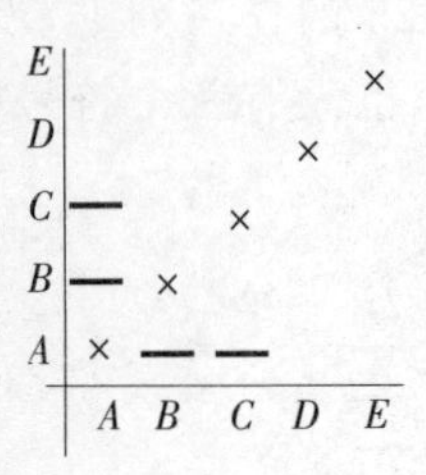

图 4.87

题 60 大厅中聚会了 100 个客人，他们中每个人都与其余 99 人中的至少 66 人相识. 证明：能够出现这种情况：这些客人中，任何 4 人组里一定有两人互不相识(我们假定，所有的熟人都是彼此相识的，亦即如果 A 认识 B，则 B 也认识 A). (1966～1967 年波兰数学奥林匹克试题)

解 将 100 位客人依次编号为 $1,2,\cdots,100$. 对每一位客人 i，造一个卦 i；若 i 与 j 不认识，则第 i 卦第 j 爻用阳爻；若 i 与 j 认识，则第 i 卦第 j 爻用阴爻(i 与 i 本人也当作不认识)，于是就得到 100 个 100 爻的卦.

如果出现如图 4.88 所示的情况，那么 4 人中必有两人互不认识.

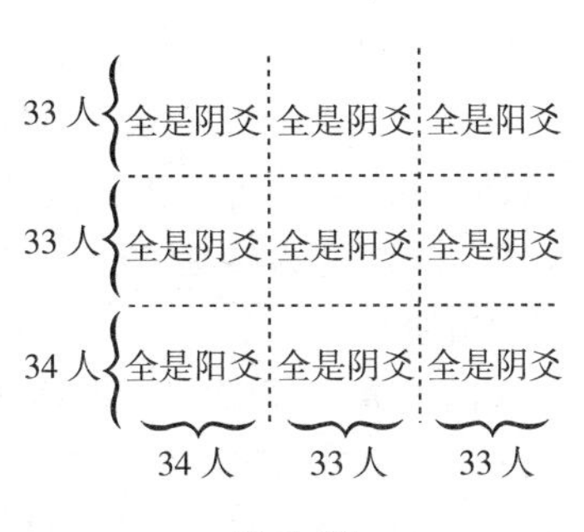

图 4.88

因为如图 4.88 所示，100 人中分成了三组，第一组中有 34 人，第二、三组中分别有 33 人. 同组中的人都互相不认识，不同组的都互相认识. 任何两组中都不少于 66 人，所以每个人认识的人都不会少于 66 人.

任何 4 人至少有两人落于同组之中，这两人就互相不认识.

题 61　有一所房子里有 9 人，其中任意 3 人中至少有 2 人互相认识. 证明：其中存在 4 人，他们两两认识.（1977 年波兰数学奥林匹克试题）

证　在 9 人中任取 1 人，例如 A，若其余 8 人中有 6 人与 A 互相认识，则类似第 47 题的证法可知，一定有 4 个人互相认识.

若与 A 认识的人不多于 4 人，则至少有 4 人与 A 不认识，则这 4 人必须互相认识. 否则若其中有两人互不认识，他们将与 A 3 人互不相识，与题设矛盾.

若 9 人中每人认识的人都恰好是 5 人，则可造 9 个 9 爻的卦，若第 i 人与第 j 人互相认识，则第 i 卦的第 j 爻用阳爻，同样地，第 j 卦第 i 爻也用阳爻（$i,j=1,2,\cdots,9$）；若 i 与 j 不认识（i 与 i 也看作为不认识），则第 i 卦的第 j 爻（第 j 卦第 i 爻）用阴爻. 这样，每个卦都恰好有 5 个阳爻,共有 $5\times9=45$ 个阳爻.但阳爻是两两配对的,即第 i 卦第 j 爻与第 j 卦第 i 爻两两配对,总个数必是偶数.这个矛盾证明了这种情况不会出现.因此,与每个人认识的人或者多于 5 个,或者少于 5 个,从而使结论成立.

题 62 在平面上有一无限大的方格棋盘,上面摆好了一些棋子,它们恰好组成一个 $3\times k$ 的矩形.按下述的规则进行游戏:每一枚棋子都可越过(沿水平方向或竖直方向)相邻的棋子,放进紧挨着这枚相邻棋子的空格里,并把相邻棋子从棋盘上拿走.证明:不论怎样走,棋盘上都不会恰好剩下一枚棋子.(1982 年波兰数学奥林匹克试题)

解 如图 4.89,把每一个方格都依次标上太玄图的 3 种符号之一:

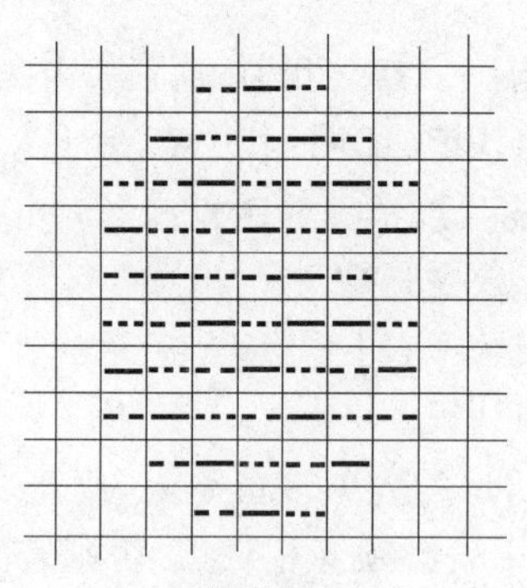

图 4.89

这样,就把一个无限大的棋盘分成了 3 个集合,其中不同符号表示不同集合所包含的方格.不难看到,每走一步,例如从"—"开始越过与它相邻的"--"(或"---")跳到"---"(或"--"),于是"—"中的棋子跳到"---"中去了,"--"中的棋子将被取下,所以"—"与

“--”中的棋子数将减少 1 个，而“---”中的棋子数将增加 1 个. 所以 3 种集合里棋子数的奇偶性都改变 1 次. 但是开始时棋子恰好填满一个 $3\times k$ 的矩形，3 种集合的棋子数各为 k 枚，它们的奇偶性是相同的. 不管跳若干次，始终会保持其奇偶性相同. 如果在走了若干步之后，棋盘上恰好只剩下一枚棋子，则有两个集合中的棋子数为偶数，另一个集合中的棋子数为奇数，这种结局是不可能出现的.

题 63　n 元集有多少个不同的不相交子集对？(1973 年捷克数学奥林匹克试题)

解　设 (A,B) 是两个不相交的子集对，分两种情况讨论：

(1)若 A,B 的次序不同算不同的子集对，即 $(A,B)\neq(B,A)$；

(2)若 A,B 的次序不同算相同的子集对，即 $(A,B)=(B,A)$.

先考虑(1)的情况：

设 A,B 是两个不相交子集对，C 是 n 元集中去掉 A,B 的元素后所成之集，将原集合的元素依次编号为 $1,2,\cdots,n$. 对每一个元素作三爻卦，若元素 i 属于 A，则下爻用阳爻，中爻、上爻用阴爻；若元素 i 属于 B，则中爻用阳爻，其余上、下爻用阴爻；若 i 属于 C，则上爻用阳爻，其余两爻用阴爻. 于是每一个元素 i 都对应 3 个三爻卦之一

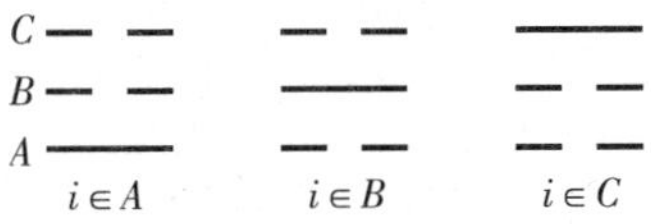

C	— —	— —	——
B	— —	——	— —
A	——	— —	— —
	$i\in A$	$i\in B$	$i\in C$

对 n 个元素就有 3^n 个卦，对每一个 3^n 卦组决定

一对不相交子集.因此不同的不相交有序对子集的总数为 3^n(包括其中一对由两个空集组成).

(2)如果子集对(A,B)与(B,A)只算相同的一对,则(1)中 3^n 对除一对空集外,其余 3^n-1 应除以 2,即得$\frac{3^n-1}{2}$个无序子集对,每对至少有一个非空子集.于是无序子集对的总数为$\frac{3^n-1}{2}+1=\frac{3^n+1}{2}$个.

题 64 在直线上给定 n 个不同的点 $A_1,A_2,\cdots,A_n,n\geqslant4$.用 4 种颜色给这些点染色,每一个点染一种颜色,而且 4 种颜色都用上.证明:直线上必有一线段,它含有 4 种颜色的点,其中两种颜色的点各恰有一个,另两种颜色的点各至少有一个.(1977 年捷克数学奥林匹克试题)

解 n 个点按从左自右的位置排列依次是 A_1,$A_2,\cdots,A_n$.

在每一种颜色的点下依次分别放下四象"⚌,⚍,⚎,⚏"之一.假定在 A_i 点下第一个出现"四象"的全部,则 A_i 与它前面的点 $A_{i-1},A_{i-2},\cdots,A_2,A_1$ 的象都不相同(图 4.90).

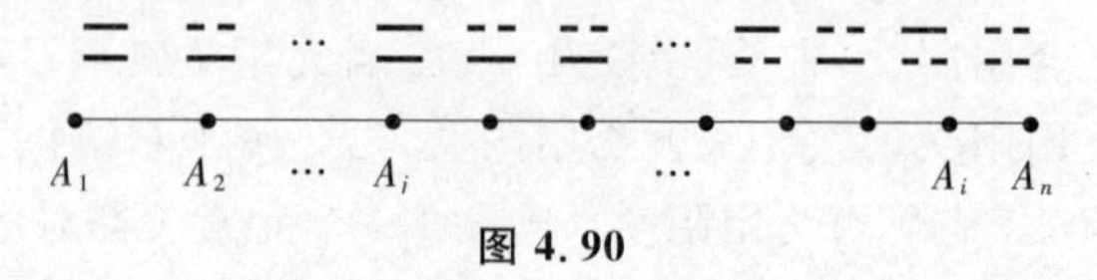

图 4.90

再从 A_i 向左往回数,假定到 A_j 点第一个出现"四象"的全部,则 A_j 与 $A_{j+1},A_{j+2},\cdots,A_{i-1},A_i$ 的象都不相同.

线段 A_jA_i 即合所求.

因为 A_j,A_i 两点的象都不同,且各只有一点.A_j

与 A_i 之间的点都具有另两种不同的象.

题 65　在 8×8 的国际象棋盘上的第一行放上 8 枚白子，在第八行上放上 8 枚黑子，每格 1 子. 按下列规则进行游戏：白方先走，黑白双方轮流沿竖列走自己一方的子. 每一步可让棋子沿着竖列前进或后退一格或若干格，既不能从棋盘上取下棋子，也不准把棋子放进对方已占据的方格或者越过对方棋子. 谁最先不能再走谁就算输. 证明：后走的黑方总能获胜.（1974 年南斯拉夫数学奥林匹克试题）

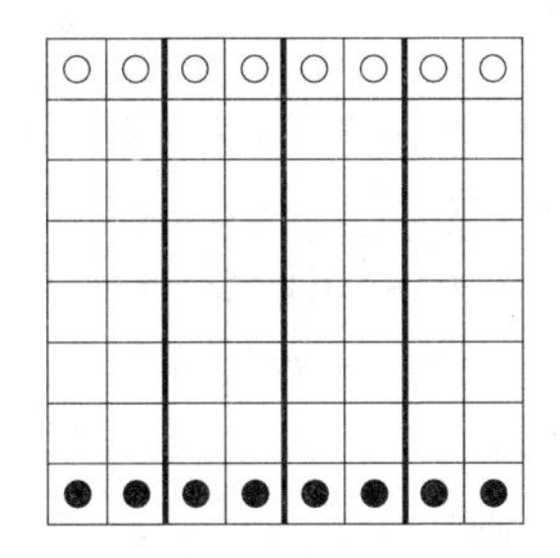

图 4.91

证　如图 4.91 中粗线所示，把 8×8 的棋盘划分为 4 个 2×8 的竖条，若黑方迫使白方在每个竖条里都无路可走，则白方在整个棋盘上也无路可走. 故只要考虑在一个竖条内的取胜策略即可.

我们用一个 8 爻卦表示移动棋子的规律

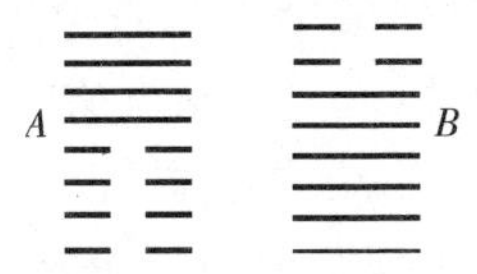

A 卦的阳爻在上，表示前进 4 格；B 卦的阳爻在下，表示后退 6 格. 前进的卦称为进卦，后退的卦称为退卦.

若白方在某一竖条内的一列上使用进卦,则黑方在同一竖条内的另一列上使用同一进卦;若白方在某一竖条内的一列上使用退卦,则黑方在同一列上使用该卦的复卦(倒转过来的卦,为进卦).因此,不管白方怎么走,黑方永远有子可动,而且黑方每次都是前进.因每列上的格数有限,经若干步走子后,白方必在此竖条的两列上都无路可走.

题 66 按任意的次序把 4 个 1 和 5 个 0 写在圆周上,并进行如下操作:在两个相等的数之间写上 0,在两个不等的数之间写下 1,然后把原来的数去掉.证明:无论进行多少次操作之后都不能得到 9 个 0.(1975 年南斯拉夫数学奥林匹克试题)

证 用阳爻表示 0,用阴爻表示 1,把两个相邻的爻按照“同性相乘得阳,异性相乘得阴”的乘法相乘,用 9 个乘积代替原来的 9 个爻,即相当于一次操作.

如果在第 n 轮操作时得到了 9 个阳爻,则在第 $n-1$轮中所得的 9 个爻都必须同性:或者都是阳爻;或者都是阴爻.

如果都是阴爻,则在第 $n-2$ 轮中,每两个相邻的爻都必须异性,即必须阴、阳相间,但这是不可能的,因为总爻数是奇数.

如果都是阳爻,则可对第 $n-1$ 轮进行同样的讨论.即第 $n-2$ 轮操作的结果或者全为阳爻,或者全为阴爻.如果同为阴爻,同样引出矛盾.如果同为阳爻,又可对第 $n-2$ 轮操作结果进行同样的讨论.于是经过有限次倒推,必然或出现都为阴爻而导致矛盾;或导致一开始就是 9 个阳爻而与假设矛盾.

这个矛盾就证明了无论进行多少次操作都不能得

到 9 个 0.

注　本题实际上可推广为一般性命题：设 n 为奇数，将 n 个 1 和 0(1 和 0 都实际出现)任意排在圆周上，通过类似的操作不能得到 n 个 0. 参看第 54 题.

题 67　在一团体中，任意两个彼此认识的人都没有共同的熟人. 而任意两个彼此不认识的人都恰巧有两个共同的熟人. 证明：该团体中每个人认识的人数都相同.(1975 年南斯拉夫数学奥林匹克试题)

证　设这个团体中有 n 个人，构造 n 个 n 爻的卦：

第 i 卦的第 j 爻用阳爻，如果第 i 个人与第 j 个人认识；第 i 卦的第 j 爻用阴爻，如果第 i 人与第 j 人不认识. 用 a_{ij} 表示第 i 卦第 j 爻，题设条件之一是：不存在 i,j,k，使得 a_{ij}，a_{ik}，a_{jk} 从而 a_{ji}，a_{ki}，a_{kj} 同为阳爻. 即不存在形如图 4.92 所示的那样的 3 个卦.

条件之二是：若 a_{ij} 与 a_{ji} 是阴爻，则有 k 和 l，使 a_{ik} 与 a_{jk}，a_{il} 与 a_{jl}(相应地 a_{ki} 与 a_{kj}，a_{li} 与 a_{lj})都是阳爻. 即存在图 4.93 那样的卦.

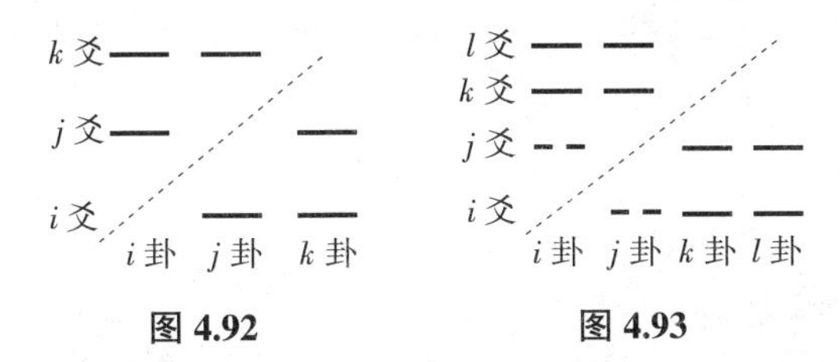

图 4.92　　**图 4.93**

结论要证明：每一个卦中都有相同个数的阳爻.

分两种情况证明：

(1)如果 a_{ij}(从而 a_{ji})是阳爻，证明第 i 卦和 j 卦必有相同个数的阳爻.

设第 i 卦上除 a_{ij} 为阳爻外，还有另一阳爻 a_{ik}，则

由条件 a_{jk} 为阴爻. 于是有另外一个数 l 存在,使 a_{kl} 与 a_{jl} 为阳爻(即因 k 与 j 不认识,故 k 与 j 有两个共同的熟人,除 i 外,另一个设为 l,故 a_{kl} 与 a_{jl} 为阳爻). 再由条件只有 a_{il} 为阴爻. 但已有 a_{ij} ,a_{lj} 与 a_{ik} ,a_{lk} 为阳爻,故不再存在 t,使 a_{it} 与 a_{lt} 为阳爻(即 i 与 l 必不认识,他们有两个共同熟人,但已有 j,k 是他们共同熟人,故不能再有共同熟人 t). 所以 i 卦若有阳爻 a_{ik} ,则 j 卦有阳爻 a_{jl} 与之对应. 若 i 卦还有阳爻 a_{it} ,则 a_{jt} 为阴爻. 又有 s 存在,使 a_{ts} ,a_{js} 为阳爻. 因为 a_{lt} 为阴爻,所以 $s\neq l$. 即对于 i 卦上另一阳爻 a_{it} ,j 卦上又有另一阳爻 a_{js}(不是 a_{jl})与 i 对应. 如此继续,知 i 卦上的阳爻个数不能超过 j 卦上的阳爻个数;同理,对称地知道,j 卦上阳爻的个数也不超过 i 卦上阳爻的个数. 因而 i 卦与 j 卦的阳爻个数相等.

如果 a_{ij} 为阴爻,则有另一个数 l,使 a_{il} 与 a_{jl} 为阳爻. 由前已证,i 卦与 l 卦有相同个数的阳爻;j 卦与 l 卦也有相同个数的阳爻. 因此 i 卦与 j 卦的阳爻个数也相等,即都等于 l 卦的阳爻个数.

题 68 一只老鼠偷吃棱长为 3,并被切成 27 块单位立方体的立方体奶酪. 当老鼠吃完了某一小立方块后,就再吃相邻的(有公共侧面)另一个小立方块. 问这只老鼠能吃遍除正中央那个立方块之外的全部立方块吗?(1981 年南斯拉夫数学奥林匹克试题)

解 不能.

如图 4.94,把 26 个外面的小立方块,每一个上都贴上一个阳爻或一个阴爻. 如果一个小立方体中恰有 2 个面在大立方体的表面,则贴上一个阴爻;如果一个小立方体有 1 个或 3 个面在大立方体的表面,则贴上

阳爻.易知,阴爻一共有 12 个,阳爻一共有 14 个.

任何两个相邻的面,必然是一个贴有阳爻,一个贴有阴爻.老鼠吃立方块的顺序只能由阳到阴,由阴到阳.如果老鼠能把 26 块小立方块全部吃完,贴上阳爻和阴爻的小方块必须一样多,即各为 13 块,这是不可能的.所以老鼠不可能偷吃完所有的 26 个小立方块.

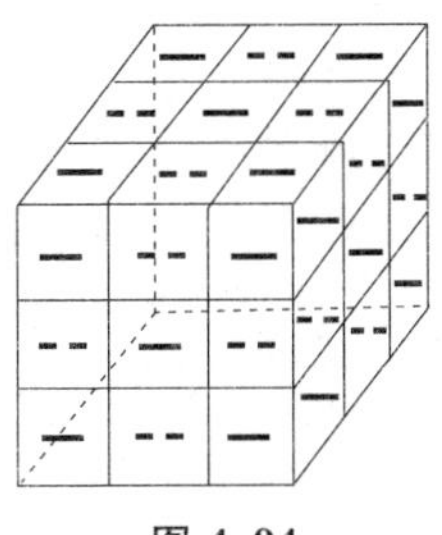

图 4.94

题 69　在方格纸上任意标出 n 个方格.证明:其中有不少于$\frac{n}{4}$个方格,它们两两不相邻(所谓两个方格相邻,是指它们有公共边).(1975 年南斯拉夫数学奥林匹克试题)

证　把方格纸划分成一些 2×2 个方格组成的正方形,每个正方形内有 4 个小方格,分别用乾☰、坤☷、坎☵、离☲4 卦标出.☰,☷放在一对角,☵,☲放另一对角,如图 4.95.

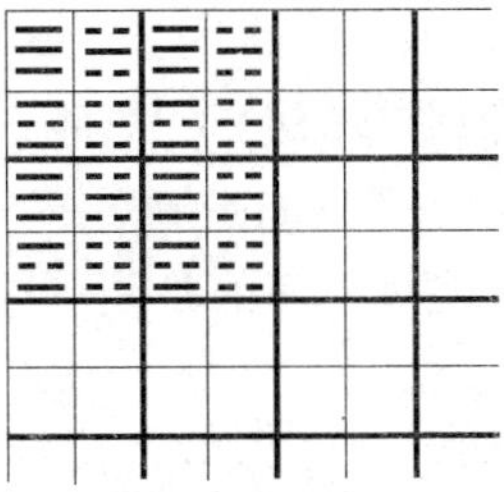

图 4.95

非常明显，相同的卦所在的方格必不相邻. 另一方面，任意标出 n 个方格，总有某卦所在的方格不少于 $\frac{n}{4}$ 个. 不然的话，方格的总数就会小于

$$4\times\frac{n}{4}=n$$

与方格的取法矛盾.

题 70 在 8×8 的国际象棋棋盘上的棋子"海豚星"每一步只能向上、向右或向左下方走一个方格(图 4.96). "海豚星"能否从棋盘的左下角的方格上出发，走遍所有方格，并且每个方格恰好经过一次.(1983 年南斯拉夫数学奥林匹克试题)

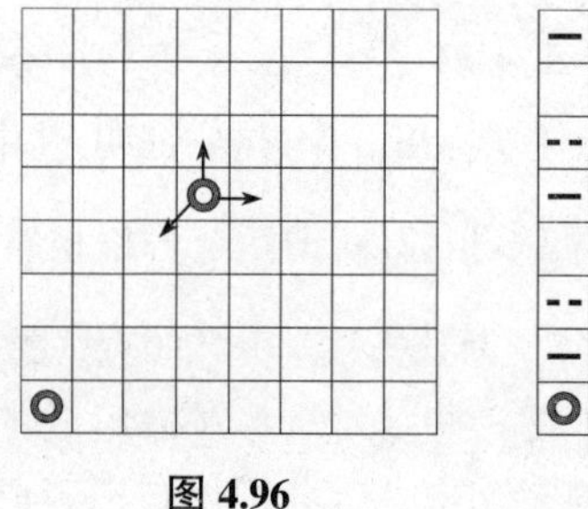

图 4.96

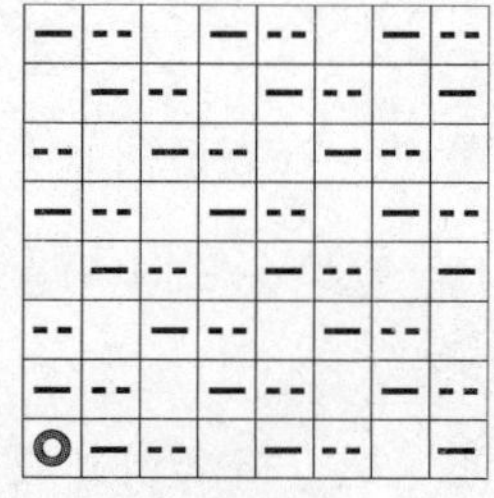

图 4.97

解 我们像图 4.97 那样，分别在 8×8 个方格中(除左下角一个外)放下一些太玄图的"一"、"二"、"三"(三只用空格表示).

不难看到，"海豚星"从"一"只能走到"二"，从"二"只能走到"三"，从"三"只能走到"一". 所以海豚星"从左下角出发后，只能按下面的路线前进：

一、二、三；一、二、三；……

"海豚星"如能走遍除左下角以外的 63 格而不走重复路线，则这 63 格一定有一个办法把它分为 63÷3=

21 组，使每组恰有“一”、“二”、“三”各一个. 因而“三”应有 21 个，但实际上，“三”(空格)只有 20 个. 这个矛盾证明了“海豚星”不能按要求走遍 63 格.

题 71　将一个 $1\times n$ 的长方形区域上的 n 个方格依次编号为 $1,2,\cdots,n$. 在编号为 $n-2,n-1,n$ 的方格里各放一枚棋子. 有两个人在玩下面的游戏：每个人每走一步都可把其中任意一枚棋子移动到编号较小的任一空格里. 谁先无法走就算输. 证明：谁先走谁就会赢. (1983 年南斯拉夫数学奥林匹克试题)

证　如图 4.98，除第一格外，将其余 $n-1$ 格依次填上阳爻和阴爻，并且紧邻的两个阳爻和阴爻(阳爻在前)分为一组：

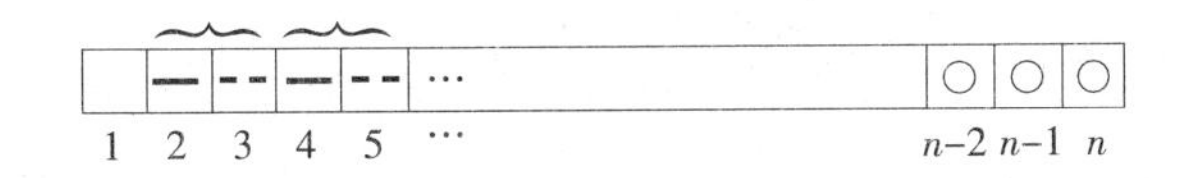

图 4.98

最后 3 格必有 2 格能配成一组，先走者只要把未能配成一组的那枚棋子第一步就移动到第一格，这枚棋子就不能再走动. 就只剩下同一组中两枚棋子的局面. 下一步不管对手把棋子移到哪一格，先行者只要把另一枚棋子移动到与对手所移动棋子占住的那一格配对的另一格上. 每组中有阴阳二格，对手占住阴爻格，则先行者占据剩下的阳爻格；对手占住阳爻格，则先行者占据另一阴爻格. 每次至少使一个分组再不能放子. 分组最多有$[\frac{n-1}{2}]$组，是有限的. 对手最后必然无处放子. 而先行者只要对手还有地方走子，则一定也有地方走子，故先行者必胜.

第4节　英、美等国数学奥林匹克试题选解

美国早在1938年就举办了普特南数学竞赛，当年在美国哈佛大学举行，以后即由上届夺魁的大学承办下届的比赛，其中除1943～1945年因“二战”停办三年以外，每年一届，迄今已举行了60余届，参赛对象是大学一、二年级学生，每年都有数百所大学，数千名学生参加. 历年来积累了大量好试题. 美国的中学生数学奥林匹克起步较晚，1972年开始举办全国性的数学奥林匹克活动，每年一届，近年来成绩突出，有后来居上之势.

其他西方国家数学奥林匹克运动亦非常活跃，特别值得一提的是加拿大，该国除了每年举行一届全国数学奥林匹克外，还出版了一本名叫 *Crux Mathematicorum* 的杂志，专门收集介绍各国数学奥林匹克试题，影响较大.

题72　n 名选手参加循环比赛，每两人比赛一场，分出胜负，没有平局. 证明：以下两种情况恰有一种发生：

(1)可将选手分为两个非空集合，使得一个集合中的一名选手战胜过另一个集合中的每一名选手.

(2)所有选手可以标上1至 n，使得第 i 名选手战胜第 $i+1$ 名，在模 n 的意义下[即 $n+1\equiv 1 (\mathrm{mod}\ n)$].

(1958年美国普特南第19届竞赛试题)

解　如图4.99，用一个有 $k(1\leqslant i\leqslant n)$ 个阳爻的乾卦 * 表示：在比赛中，1战胜了2，2战胜3，…，$k-1$ 战

胜 k,k 战胜 1.

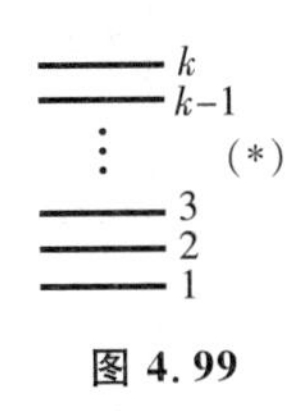

图 4.99

如果 $k=n$,则(2)已经成立.

如果 $k<n$,那么所有像(*)表示那样的全阳卦可能有若干个,但其中必有一个阳爻最多的卦.不妨假定(*)就是那个阳爻最多的卦.

剩下的 $n-k$ 名选手中,任一名选手要么胜了(*)中所有的选手,要么负于(*)中所有的选手.不然的话,如果其中有某选手 i,胜了(*)中的 $j+1$,而负于 j,则可在(*)中第 j 爻和 $j+1$ 爻之间再插进一个阳爻,与(*)阳爻最多相矛盾(图 4.100).

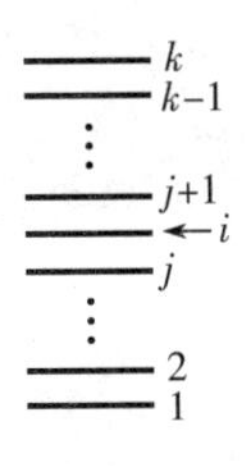

图 4.100

于是我们把剩下的选手分为两类:负于(*)卦中所有选手的选手用阴爻表示置于(*)卦的上方,记作 A;所有战胜(*)中全部选手的选手用阴爻表示,置于(*)卦的下方,记作 B.如图 4.101 得一个将 k 爻卦(*)上下扩张为 n 爻的卦.

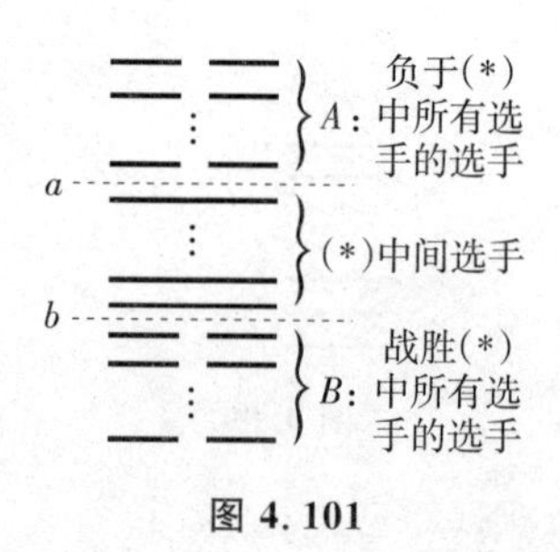

图 4.101

容易证明：A 中任一选手 a 都必负于 B 中任一选手 b. 否则，若有 a 胜 b，则可将 a 移到 A 的最下方，b 移到 B 的最上方（用虚线表示处）并改为阳爻，就得到一个满足条件（$*$），但比（$*$）卦还多 2 个阳爻的卦，与（$*$）的假设矛盾.

两条虚线的每一条都把图 4.101 所示的卦分成两部分，A，B 两部分至少有一个非空. 若 A 非空，则虚线 a 把全卦分成 A 和（$*$）$+B$ 两部分，（$*$）$+B$ 中任一选手胜 A 中任一选手，条件(1)成立. 若 B 非空，则虚线 b 把全卦分成 $A+$（$*$）和 B，B 中任一选手战胜 $A+$（$*$）中任一选手，仍有条件(1)成立.

这道题可以表述成：

n 个人参加循环赛，每两人都要比赛一场，没有平局. 证明：一定可以把这 n 个人编号为 $a_1, a_2, \cdots, a_n$，使 a_i 胜 a_{i+1}（$i=1,2,\cdots,n-1$）.

可以用数学归纳法证明：一定可以用一个 n 个阳爻的卦来表示 n 个选手，使得上面的一爻被紧邻其下的一爻战胜.

当 $n=2$，必有一胜一负，结论显然成立.

假定在 $n=k$ 时，结论成立.

则当 $n=k+1$ 时，根据归纳假定，可以从中去掉一

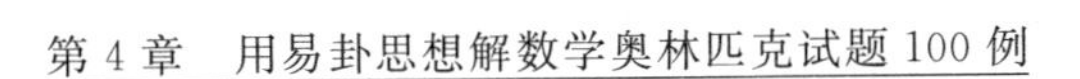

个 a_{k+1}，使得其余的 k 个选手表示成图 4.102.

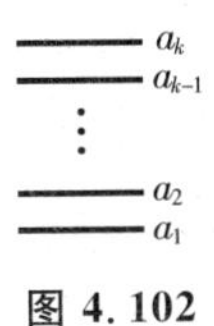

图 4.102

现在考虑 a_{k+1}，从 a_1 往上数，若 a_{k+1} 负于 a_1，负于 a_2，……负于 a_k，则将 a_{k+1} 置于 a_k 之上. 若 a_{k+1} 负于 a_1，负于 a_2，……负于 a_j，但胜 a_{j+1} $(j=1,2\cdots)$，则将 a_{k+1} 置于 a_j 与 a_{j+1} 之间. 若 a_{k+1} 胜 a_1，则将 a_{k+1} 置于 a_1 之下(图 4.103). 不管哪种情况，都可以把 $k+1$ 个选手用一个 $k+1$ 爻的全阳卦表示，使得从下到上依次战胜上面的对手.

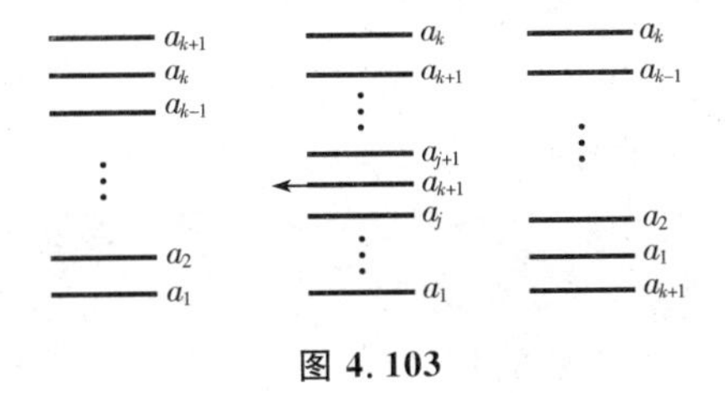

图 4.103

题 73　如图 4.104，一个 3×7 的矩形中有 21 个边长为 1 的小方格，把这些小方格都任意染上黑色或白色. 求证：在图上一定可以找到一个由小方格组成的矩形，它的四角处的小方格同色.(1976 年美国第五届数学奥林匹克试题)

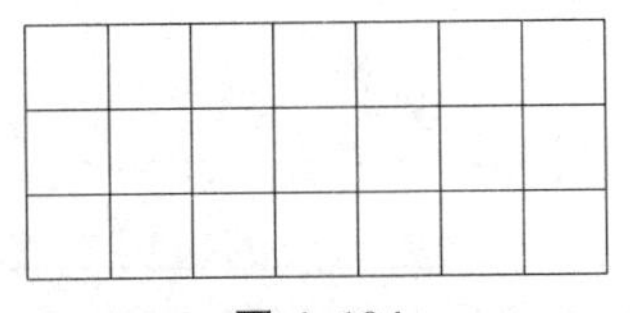

图 4.104

证 在各小方格内分别放上阳爻和阴爻,令阳爻代表白色,阴爻代表黑色,就是一种涂色方式.这时每一列的3爻都构成八经卦中的一个卦

☷ ☶ ☵ ☳ ☴ ☲ ☱ ☰

现在分3种情况讨论:

(1)若其中有坤卦☷,则只要还有☶,☵,☳,☷中任何一卦,结论成立(图4.105):

☷☷ ☷☶ ☷☵ ☷☳

图 4.105

若其中再无☷,☶,☵,☱ 4卦之一.则其余6卦都是乾卦或3个二阳爻卦,必有两卦相同,这相同两卦为边的矩形即满足题目结论.

(2)若其中有一乾卦☰,可类似(1)地证明.

(3)若7卦中既无乾卦,也无坤卦,则只有6种卦型,必有两卦相同,这两卦为边的矩形即满足结论.

综上所述,本题结论成立.

注 本题原来的试题为4×7方格棋盘,条件较强,更容易证明一些.

题74 9位数学家在一次国际会议上相遇,其中任意3人中,至少有2人会说同一种语言.如果每位数学家最多只能说三种语言,试证明:至少有3位科学家能用同一种语言交谈.(1978年美国第七届数学奥林匹克试题)

证 用反证法.假设没有任何3人能用同一种语言交谈,即每种语言最多有2人能讲.用一个阳爻表示第一位科学家,凡与他能交谈的也用阳爻表示,把这些阳爻组成一卦,最多是一个4阳爻卦,记为A

$A=$

用一个阴爻表示不能与第一人交谈的某位科学家(不少于5位),凡与此人能交谈的都用阴爻表示,把这些阴爻组成一卦,根据反设,最多又组成一个4阴爻的卦B

$B=$

将A与B重叠起来(图4.106),最多得到一个8爻的卦(A与B的第二、第三、第四爻可能有相同的科学家),这个卦最多能表示8个人,第9个人既不能用阳爻也不能用阴爻,即①⑤⑨三位科学家中没有任何两人能够交谈,与题设矛盾.故反设不能成立,必有3人能讲同一种语言.

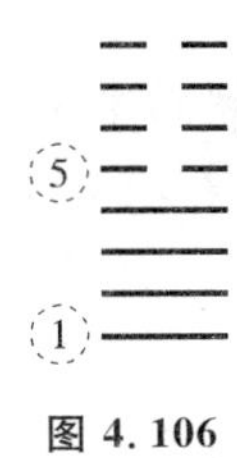

图4.106

题75　在掷硬币所得的结果序列中,可以数出一个反面继一个正面(记为"反正")的次数;一个正面继一个正面(记为"正正")的次数;一个正面继一个反面(记为"正反")的次数;一个反面继一个反面(记为"反反")的次数.例如:掷硬币15次的结果序列为:

正正反反正正正正反正正反反反反(15次)

其中有5个"正正",3个"正反",2个"反正",4个

“反反”.

今掷硬币 15 次，有多少种不同的结果序列，使它们都恰好有 2 个“正正”，3 个“正反”，4 个“反正”和 5 个“反反”？(1986 年美国邀请赛试题)

解 用阳爻表示正面，阴爻表示反面，即可将“正正”、“正反”、“反正”、“反反”看成四象，把 15 次投掷的序列看成一个 15 爻卦.

由于“反正”比“正反”多一个，卦的最下方必从阴爻开始，画出一个由 4 个“⚍”叠成的 8 爻卦(图 4.107)：

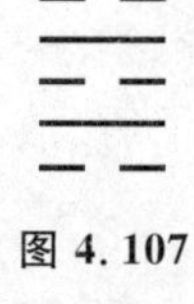

图 4.107

在这个 8 爻卦中，恰好有 4 个“⚍”(反正)和 3 个“⚎”(正反). 现在任意在阳爻下插进阳爻，或在阴爻下插进阴爻，都不会改变“⚍”与“⚎”的个数，只增加“⚌”(正正)与“⚏”(反反)的个数. 把 2 个阳爻插在 4 个阳爻之下，有 $C_{4+2-1}^{2}=C_{5}^{2}=10$ 种方法，把 5 个阴爻插进 4 个阴爻之下有 $C_{4+5-1}^{5}=C_{8}^{5}=56$ 种方法. 因此，把 2 个阳爻和 5 个阴爻同时插入的方法就有 $10\times56=560$ 种. 故有 560 个不同的 15 爻卦符合条件，即本题的答案为：有 560 种序列.

注 在本题中，我们用到了一个重复组合公式：

从 n 个元素中不计顺序可以重复地选取 r 个元素的方法称为从 n 个元素中取 r 个的重复组合.

从 n 个元素中取 r 的重复组合数为 C_{n+r-1}^{r}.

例如,在本题中,我们要把 2 个新加阳爻放在 4 个原阳爻之下.可以这样来做,先在 4 个原阳爻中任取一个,在其下放下 1 个新加阳爻;再在 4 个原阳爻中任取一个,在其下放下另 1 个新加阳爻.就相当于在 4 个元素中取 2 个的可重复组合,所以共有 $C_{4+2-1}^{2}=C_{5}^{2}$ 种方式.

现在我们来证明重复组合数的公式:

用 r 个阳爻和 $n-1$ 个阴爻任意作成一个卦(图 4.108 中取 $r=5,n=4$),3 个阴爻相当于把全卦分成了 4 段,在第 1 段中有 2 个阳爻,第 2 段中有 0 个阳爻,第 3 段中有 1 个阳爻,第 4 段中有 2 个阳爻.它相当于在 4 个元素中取 5 个的可重复组合.即第 1 个元素取 2 次(第 1 段中 2 个阳爻),第 2 个元素未取(第 2 段中无阳爻),第 3 个元素取 1 次(第 3 段中 1 个阳爻),第 4 个元素取 2 个(第 4 段中 2 个阳爻).

图 4.108

这种可重复组合的个数就是有 3 个阴爻的 8 爻卦的个数.这种 8 爻卦由 3 个阴爻的位置决定,所以有 $C_{8}^{3}=C_{8}^{5}=C_{4+5-1}^{5}$ 个.

把 4,5 换成 n,r,即为 C_{n+r-1}^{r}.

题 76 某地区网球俱乐部的 20 名成员举行了 14 场单打比赛,每人至少上场一次.求证:必有 6 场比赛,

其12个参赛者各不相同.(1989年美国第18届数学奥林匹克试题)

证 按下法造20个20爻的卦:第i卦的第j爻用阳爻,如果第i名运动员与第j名运动员进行了一场比赛;第i卦的第j爻用阴爻,如果第i名运动员未与第j名运动员比赛.

题设每一个卦中至少有一个阳爻,且阳爻的总个数为$14\times2=28$(因一场比赛牵涉到两名运动员,即第i卦第j爻为阳爻,则第j卦第i爻也为阳爻,把这样的两个阳爻称为对偶阳爻),即有14对对偶阳爻.

题目要证的结论是:可以找到6对对偶阳爻,它们分布在12个不同的卦中12个不同的爻位上.

设第i卦中阳爻的个数为$d_i(d_i\geqslant1)$,在每一卦中都把d_i-1个阳爻改成阴爻,20个卦中阳爻减少的个数为

$$\sum_{i=1}^{20}(d_i-1)=\sum_{i=1}^{20}d_i-20=28-20=8$$

考察这8个被改为阴爻的阳爻中,若有某爻的对偶阳爻没有被改变为阴爻,则将其继续改变为阴爻.这样最多可能还要把8个阳爻改为阴爻.最多可能去掉$(8+8=16)$个阳爻.

于是在这20个卦中,至少还剩下$(28-16=12)$个阳爻,它们两两对偶成为6对.如果这12个剩下的阳爻中有两个在同一爻位上,例如是第i卦的j爻和第k卦的j爻,则它们的对偶阳爻是第j卦的i爻和第j卦的k爻,于是在第j卦中还至少有2个阳爻,与每卦中最多只剩下1个阳爻(因卦中原有d_i个阳爻,已把其中d_i-1个改为阴爻)矛盾.即6对阳爻在不同的爻位上.

题 77　在一块 $m\times n$ 方格的纸片上，两人玩划掉小方格的游戏. 操作规则如下：操作者在方格纸上任选一个格点，例如 B 点，从 B 向右划一条平行于 OM 的直线，交 MN 于 Q. 过 B 向上划一条平行于 OP 的直线交 PN 于 R，然后把矩形 $BQNR$ 中的小方格全部去掉，如图 4.109. 去掉的方格是打阴影的那些小方格，用虚线包围的矩形 $ASNT$ 中的小方格表示先操作者从 A 划线时早去掉了. 谁划掉最后一个方格的为负.

问在整个游戏中，有多少种不同的划法？（1992 年美国数学邀请赛试题）

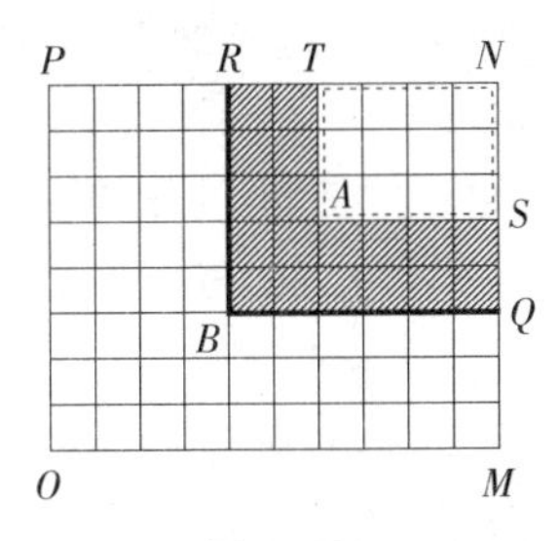

图 4.109

解　这个问题也可以换一种方式来叙述：

一枚棋子在 $m\times n$ 的方格棋盘上从 $O(0,0)$ 走到 $N(m,n)$，但棋子只能沿方格的边界线向右或向上前进，如图 4.110 中的折线 $ORSTUN$ 所示，不得向下或向左. 问有多少种不同的路线？

为方便计，我们取 $m=n=3$ 的情况，对任意的 m，n 结论是完全一样的.

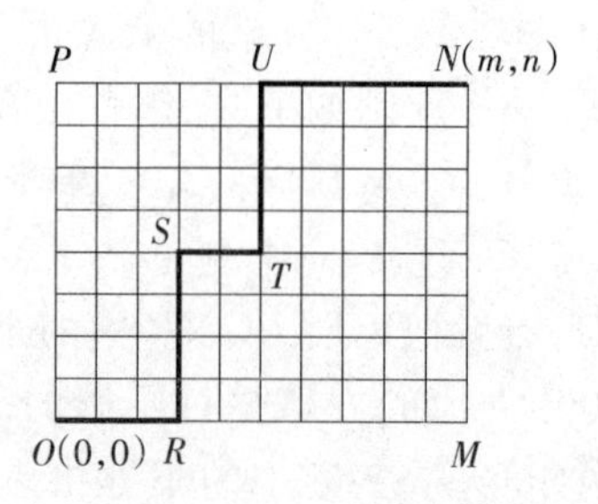

图 4.110

如图 4.111,设 $ORSTUN$ 是一条路线,在这条路线中,必有 3 段是横的(向右),3 段是纵的(向上),我们用阳爻“—”表横向线段,阴爻“--”表纵向线段,依次排列起来,就得到一个 3 阳爻 3 阴爻的易卦☳. 显然,3 阳爻的易卦与路线之间可建立一一对应. 因为 3 阳爻的易卦有 C_6^3 种,所以从 $O(0,0)$ 到 $N(3,3)$ 的路线有 C_6^3 种.

完全类似地,从 $O(0,0)$ 到 $N(m,n)$ 的路线有 C_{m+n}^m 种.

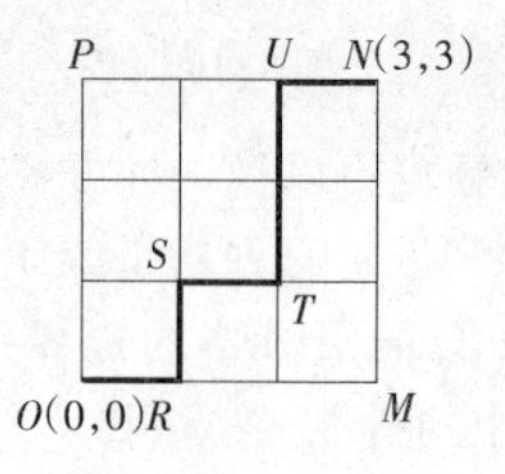

图 4.111

题 78 已知一组球,每个球染成红色或蓝色,每色至少有一个球,每个球重 1 磅或 2 磅,每种重量至少有一个球,证明:必有两个球具有不同的重量和不同的颜色.(1970 年加拿大数学奥林匹克试题)

证 假设共有 n 个球,我们来造两个 n 爻的卦:

第一个卦 A：若第一个球是红色的，则 A 的第一爻为阳爻，若第二个球为蓝色的，则第二爻为阴爻，等等，照此类推. 因为每种颜色的球都至少有一个，故可假定 A 的最下两爻是一阳一阴

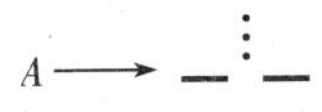

第二个卦 B：按 A 中球的顺序，若第 i 个球重 1 磅，则 B 的第 i 爻取阳爻；若第 i 个球重 2 磅，则 B 的第 i 爻取阴爻. 于是 B 卦的最下两爻不外乎“四象”之一

若有

$A\longrightarrow$　　$B\longrightarrow$　　或

则第 1、第 2 两号球即符合题设要求.

若是

$A\longrightarrow$　　$B\longrightarrow$　　或 $B\longrightarrow$

不妨碍一般性，不妨设是 $B\longrightarrow$. 因为至少有一个 2 磅的球，B 中至少有一个阴爻，不妨设

$B\longrightarrow$

若 $A\longrightarrow$ ，则第 2、第 3 两号球即符合题设要求.

⋮

A ⟶ ☳

若 ☳,则第 1、第 3 两号球符合题设要求.

题 79 任给 5 个正整数,必能从中选出 3 个,使得它们的和能被 3 整除,试证明之.(1970 年加拿大第二届数学奥林匹克试题)

证 任何一个正整数 n 都可以用若干个乾卦☰和{☷,☳,☱}三卦中的某一卦表示,使得这些卦中阳爻的个数之和恰为 n. 例如:21,17,4 等数就可用图4.112中的卦组分别表示.

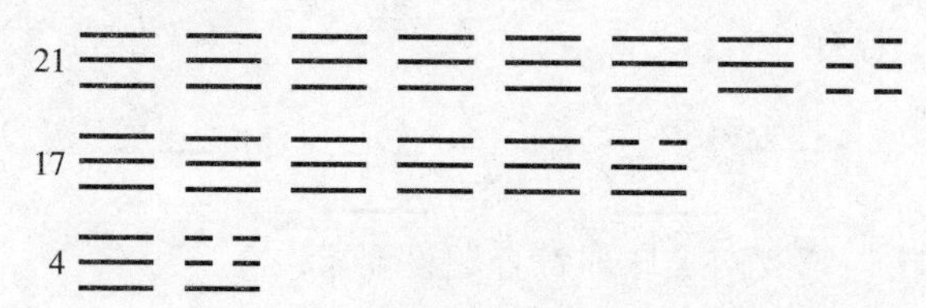

图 4.112

把最后一卦称为该数的“余卦”. 例如 21 的余卦是☷. 要在 5 个数中选出 3 个使它们的和能被 3 整除,只要这三个数的余卦中阳爻的个数是 3 的倍数即可.

如果 5 个数的余卦中有某一卦出现 3 个,那么这 3 个相同的卦阳爻的个数必为 0,3,6,即必是 3 的倍数. 如果没有 3 个的余卦相同,则☷,☳,☱都会出现,它们恰有 3 个阳爻. 所以,不管哪种情况,都能从 5 个正整数中选出 3 个,使其和能被 3 整除.

注 这个问题可以作如下的推广:

任给 n 个正整数,证明:一定可以从其中选出若干个,使其和能被 n 整除.

不妨碍一般性,我们对 $n=6$ 来证明. 对于一般的

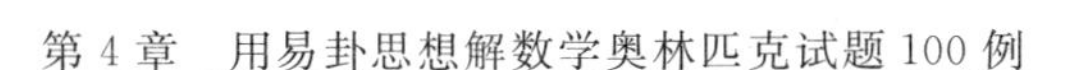

n，证法是完全一样的.

记这 6 个数分别为：a_1,a_2,a_3,a_4,a_5,a_6. 作 6 个合数：$a_1,a_1+a_2,a_1+a_2+a_3,a_1+a_2+a_3+a_4,a_1+a_2+a_3+a_4+a_5,a_1+a_2+a_3+a_4+a_5+a_6$.

我们把这 6 个数中的每一个用若干个六爻的乾卦䷀和一个余卦表示，使这些卦的阳爻个数恰好等于该数，作为余卦的 6 个卦是

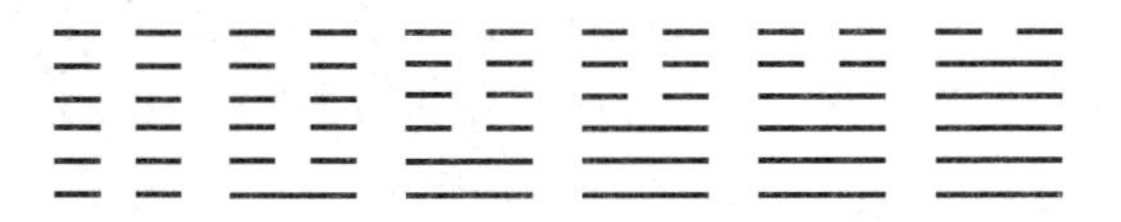

若 6 个数中有一个数的余卦是坤卦䷁，这个数就是 6 的倍数. 若 6 个数的余卦都不是坤卦䷁，则必有两个数的余卦相同，这两个数的差就是 6 的倍数. 但它们的差恰好是 a_1,a_2,a_3,a_4,a_5,a_6 中的若干项之和，故命题得证.

对于一般的正整数 n，要用 n 个阳爻的乾卦，并且余卦有 n 个，它们分别有 $0,1,2,\cdots,n-1$ 个阳爻.

题 80　假定 n 个人恰好各知道一个消息，而所有 n 个消息都不相同. 每次"A"打电话给"B"，"A"都把所知道的一切告诉"B"，而"B"却不告诉"A"什么消息. 为了使各人都知道一切消息，求所有需要两人之间通话的最少次数. 证明你的答案是正确的.（1971 年加拿大第三届数学奥林匹克试题）

解　用 $A_1,A_2,\cdots,A_n$ 代表这 n 个人.

考虑图 4.113 的两个 $n-1$ 爻的乾卦和坤卦：

这两个卦是这样造出的，对 $A_1,A_2,\cdots,A_{n-1}$ 而言，若 A_i 向某人发出了一次电话，则 A 卦的第 i 爻用阳爻，若 A_i 收到某人一次电话，则在 B 卦中的第 i 个爻

位画一阴爻.

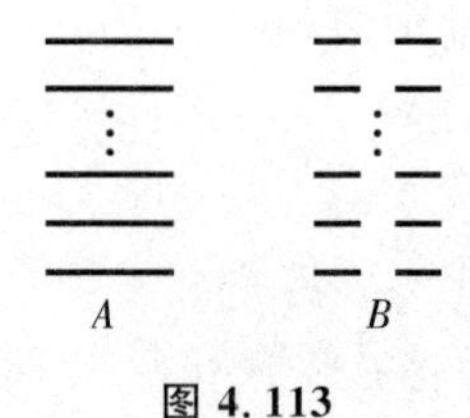

图 4.113

$A_1,A_2,\cdots,A_{n-1}$要把自己的消息传出去,每人至少要向外发话一次,故 A 卦必能作出. 同样地,$A_1,A_2,\cdots,A_{n-1}$要想得到任何除自己掌握的信息以外的信息,至少要收到一次电话,故 B 卦也必能作出. 两卦共有 $2(n-1)=2n-2$ 爻,即通话不能少于 $2n-2$ 次.

另一方面,如果 A 卦的电话都通向 A_n,则在 A 卦成卦以后,A_n 已掌握全部信息. 令 B 卦的电话都是 A_n 在 A 已成卦之后发出的,则 $A_1,A_2,\cdots,A_{n-1}$ 都能从 A_n 的电话中知道全部信息. 所以有 $2n-2$ 次通话就足够了.

因此,本题的答案是 $2n-2$ 次.

题 81 在某次竞选运动中,各个政党共作出 P 种不同的诺言($P>0$),某些政党可以作出一些相同的诺言,任何两党都至少有一种共同诺言,但没有两党作出全部相同的诺言. 证明:政党的个数不多于 2^{P-1}. (1972 年加拿大第四届数学奥林匹克试题)

证 把 P 种不同诺言顺次编号为 $1,2,\cdots,P$,我们把每一个政党的竞选纲领用一个 P 爻卦来表示:

若某政党承诺第 i 个诺言,则卦中第 i 爻用阳爻;若该政党未承诺第 i 个诺言,则卦中第 i 爻用阴爻. 例如,若 $P=6$,某政党 A 作出第一、第三、第五个诺言,

未提出第二、第四、第六个诺言，则 A 的卦为图 4.114 所示.

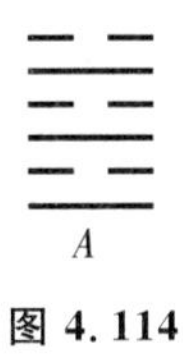

图 4.114

因为任何两个政党都至少有一种共同的承诺，所以 A 的旁通卦(即将 A 的所有爻都改变为相反的爻所得的新卦)A'不能作为另一政党的纲领(图 4.115).

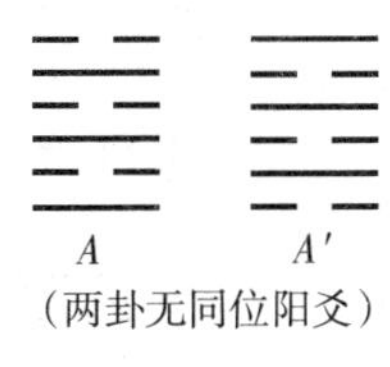

(两卦无同位阳爻)

图 4.115

所以，有一半的 P 爻卦不能代表任何政党的竞选纲领，而 P 爻卦一共有 2^P 个，所以可作为竞选纲领的卦不多于 2^{P-1}个.

但另一方面，因为任何两个政党的诺言都不完全相同，每一个政党都需要一个不同的卦来代表其纲领，故政党不能多于 2^{P-1}个.

题 82　一位主人请了 n 位客人，主人事先在一张有 n 个座位的圆桌上放上了各位客人的名片，让客人们对号入座. 但客人没有注意，便随便入座，当他们都坐下来后，才发现没有一个人是坐在自己的名片前的座位上的. 证明：可以转动圆桌使得至少有两个客人可以对号入座.(1975 年加拿大第七届数学奥林匹克试题)

证 我们把 n 位客人按其在桌上名片的顺序依次编号为 $1,2,\cdots,n$. 为每一位客人造一个 n 爻的一阳卦,造法如下:

若第 i 位客人 A_i 坐在第 j 位上,则 A_i 卦的第 j 爻用阳爻,其余各爻都用阴爻. 显然这 n 个阳爻都应分布在不同的爻位上,把这 n 个 n 爻卦排在一起,然后把每一爻位逐次向上移动一个爻位,即第一爻移到第二爻,第二爻移到第三爻,……,第 n 爻循环到第一爻(这相当于把圆桌转动了一个座位. 任何一个卦 A_i 总可以通过不超过 $n-1$ 次转动使它的阳爻到达第 i 爻位,(即能对号入座). 如图 4.116 所示.

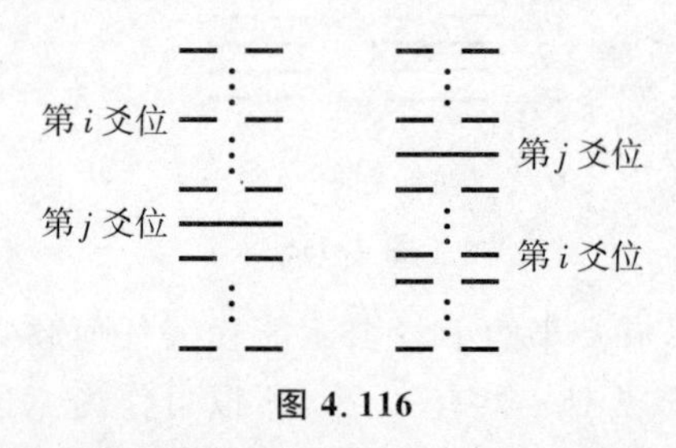

图 4.116

设 A_i 的阳爻在第 j 爻位,当 $i>j$ 时,只要向上移动 $i-j$ 次就使 A_i 的阳爻达第 i 爻位. 当 $j>i$,则移动 $n-j$ 次后,阳爻到达第 n 爻位,再移动 i 次后,即到达第 i 爻位,共移动 $n-j+i$,因 $j>i$,$n-j+i\leqslant n-1$.

所以只要上移 $n-1$ 次(即转动 $n-1$ 次)就一定能使所有客人都有一次对号入座的机会. 但客人有 n 个,只移动 $n-1$ 次,必有一次 2 人都得到对号入座的机会.

题 83 矩形城市的"棋盘街道"恰好有 m 段长和 n 段宽(图 4.117). 一个妇女住在城市的西南角,工作在东北角,她每天步行去工作,但是在任何一次行程

上，她确信她的路线不包含任何交叉点两次. 证明：她所采取的路线数目 $f(m,n)$ 满足 $f(m,n)\leqslant 2^{mn}$.（1977年加拿大第九届数学奥林匹克试题）

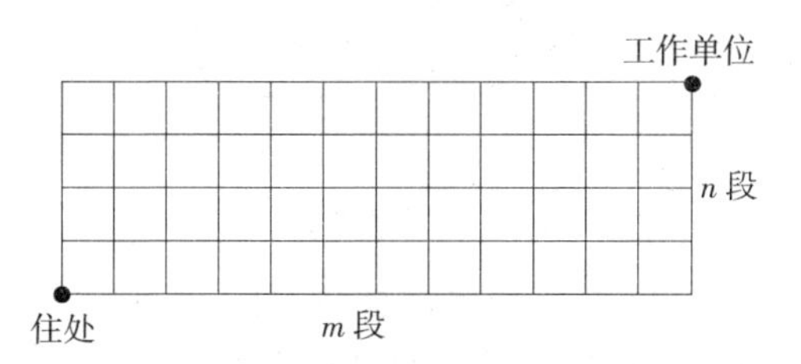

图 4.117

证　因为图 4.117 中共有 mn 个方格，将其任意编为 $1,2,\cdots,mn$ 号. 如图 4.118，这位妇女步行的任何一条路线都把 mn 个方格分成两个部分，一部分在路线的上方，一部分在路线的下方：

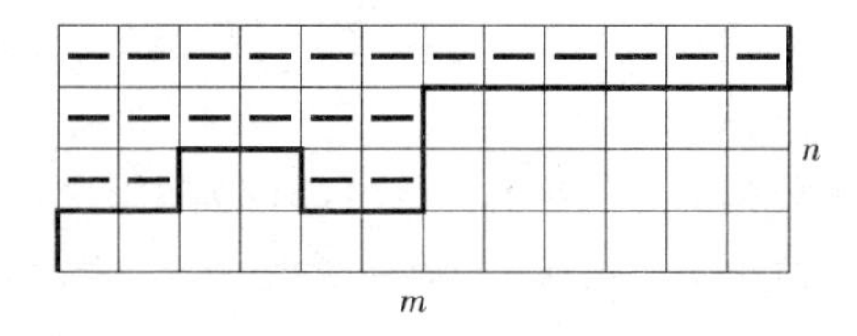

图 4.118

现在造一个 mn 爻的卦 A，如图 4.118 所示，若编号为 i 的方格在路线的上方，则 A 卦的 i 爻为阳爻；若方格在路线的下方，则 A 卦的第 i 爻为阴爻. 这样每一条路线就将对应一个 mn 爻的卦，但是反过来，一个 mn 爻的卦 B，不一定能按 B 的爻画出一条路线，例如图 4.119，就不对应任何一条路线. 所以路线数明显地小于卦数.

因为 mn 爻的卦共有 2^{mn} 个，所以路线的数目

$f(m,n)\leqslant 2^{mn}$.

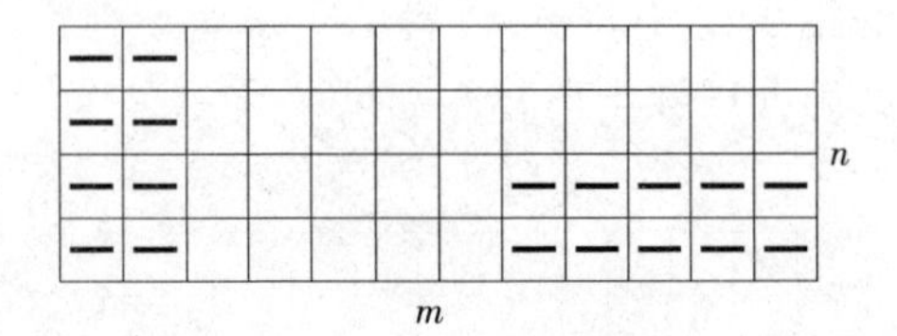

图 4.119

题 84　11 个剧团参加会演.每天都排定其中某些剧团演出,其余剧团则加入观众之列.会演结束时,每个剧团除了自己的演出日外,至少观看过每个其他剧团的一次演出.问这样的演出至少要安排几天?(1981 年加拿大第 13 届数学奥林匹克试题)

解　安排 6 天会演就可以了.

我们先证明安排 6 天是足够的,看下列 11 个卦

1　2　3　4　5　6　7　8　9　10　11

其中若某卦第 i 爻($i=1,2,3,4,5,6$)是阳爻,表示相应的剧团在第 i 天演出,若第 j 爻是阴爻,表示该剧团在第 j 天不演出等等.如剧团 1 在第一、第二两天演出,其他各天不演出.易见如上 11 卦所示的安排,能使每个剧团都参加演出并能至少看到其他每个剧团的一次演出.

再证安排 5 天会演是不够的.这时我们需要研究 11 个 5 爻卦的制造方案.

如果一个卦 A 的所有阳爻都包含在卦 B 的阳爻之中,则记 B 包含 A,记作 $A\subset B$.显然 11 个剧团对应的卦不允许有包含关系.例如图 4.120 中的 A,B 两卦,$A\subset B$:

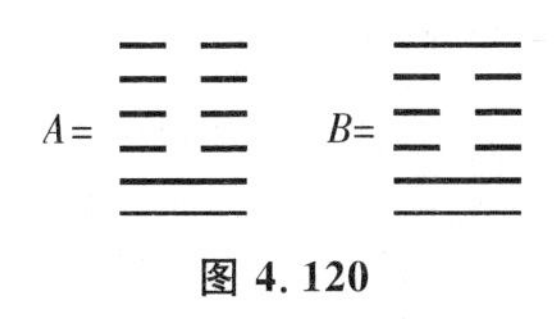

图 4.120

那么剧团 A 上演的两天,剧团 B 也在上演,所以剧团 B 就不可能看到剧团 A 上演.下面证明:5 爻卦中至多有 10 个互不包含的卦.

若有一个 1 阳卦,则要去掉 4 个包含它的 2 阳卦,,,.而有一个 2 阳卦如,只去掉两个被它包含的 1 阳卦,.故互不包含的卦最多时不应有 1 阳卦.根据对称关系(取旁通卦)也不应该包含有 4 阳卦.

若有一个 5 阳卦,则所有的卦均被包含,更不能使互不包含的卦最多.所以也不应有 5 阳卦.

有一个 2 阳卦,例如,将去掉包含它的 3 个 3 阳卦,,.但增加一个 3 阳卦,例如,同样要去掉被它包含的 3 个 2 阳卦:,,.根据对称关系,当互不包含的卦最多时,只要全是 2 阳卦就可以了.因为 2 阳的 5 爻卦一共有 $C_5^2=10$ 个.所以互不包含的 5 爻卦最多只有 10 个.

11 个 5 爻的卦至少要有两个互相包含,设 $A\subset B$,则剧团 B 看不到剧团 A 的演出.

题 85　在集合 S 的元素之间引进关系"$\rightarrow$":(1)对任意两个元素 $a,b\in S$,要么 $a\rightarrow b$,要么 $b\rightarrow a$,恰有一个成立;(2)对任意三个元素 $a,b,c\in S$,如果 $a\rightarrow b$,$b\rightarrow c$,则 $c\rightarrow a$.集合 S 中最多能有多少个元素?(1972 年英国数学奥林匹克试题)

解　类似题 58 的作法,我们用爻位循环的一个三爻卦表示 S 中的 3 个元素.

若某爻是阳爻,则它所代表的元素“→”其上面一爻所代表的元素(第三爻的上面一爻即循环为第一爻),若某爻为阴爻,则它上面一爻所代表的元素“→”它所代表的元素.

则可以证明:对 S 中任意 3 个元素都只能构成乾卦☰或坤卦☷,而不可能构成下面六卦之一

(自上而下为 c, b, a)　☳　☵　☶　☱　☲　☴

事实上,如有☳,则

$$a\to b, a\to c, c\to b$$

由后二式推出 $b\to a$,与 $a\to b$ 矛盾.

根据循环,☳,☵与☶的结构是一样的,只不过字母有所变化而已,如对于☵

$$b\to a, b\to c, a\to c$$

由第一和第三两个式子推出 $c\to b$,与 $b\to c$ 矛盾.

对于☱(根据循环,同样地对☲,☴),有

$$a\to c, a\to b, b\to c$$

由后二式推出 $c\to a$ 与 $a\to c$ 矛盾.

故 S 中任意 3 个元素,都只能构成乾卦☰或坤卦☷,即对任意 $a,b,c\in S$,只能有

$$a\to b, b\to c, c\to a$$

现在,若 S 中有 4 个或 4 个以上的元素,设为 a, b, c, d,则 a 对 b, c, d 3 个元素而言,或者至少有两个 b 和 c,使

$$a\to b, a\to c$$

或者至少有两个 b, c,使

$$b\to a, c\to a$$

都与上面已证明的结论矛盾.故 S 中最多可以有 3 个

元素 a,b,c，且 $a\to b,b\to c,c\to a$. 显然这样的集合 S 满足题设的全部条件.

题86　一个有10人参加的会议，在他们当中任何3个人里至少有2人互相认识. 证明：其中必有4人他们两两互相认识.（1980年英国数学奥林匹克试题）

证　在10人中任取一人 A，对 A 分两种情况讨论：

(1)若其余9人中有6人与 A 认识，则由题47有已证之结论. 这6人中一定有3人互相认识或者有3人互不认识，但由题设知不可能出现有3人互不认识的情况，所以一定有3人互相认识.

这3人与 A 4人即两两互相认识.

(2)若9人中没有6人与 A 认识，则至少有4人与 A 不认识. 则与题58的证法类似，在此4人任取3人，它们所对应的三爻卦必为一乾卦☰. 若不为乾卦，则必有一阴爻. 如图4.121所示.

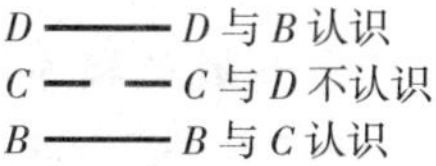

D ——— D 与 B 认识
C — — C 与 D 不认识
B ——— B 与 C 认识

图4.121

因为 C 与 D 不认识，则 A,C,D 3人彼此互不认识，与假设矛盾.

所以4人中任何3人都两两互相认识，即4人两两互相认识.

注　题61为本题的加强，在该题中人数减至9人. 参看题61解法.

题87　有3个级别相同的相扑运动员 A,B,C，他们按下面的程序进行决定胜负的比赛：首先 A 与 B 进行比赛，其次 A,B 中的胜者与 C 赛. 若 A,B 中的胜者输了,则 C 再与 A,B 中的负者赛,如此循环,连胜二局者为优胜(假设没有平局).若连赛 7 局,尚未能定出胜负,则停止比赛.设 A,B,C 实力相同,即任何二人比赛各人获胜的概率都是$\frac{1}{2}$,问第一局中失败的人(设为 A)获胜的概率是多少?(1990 年日本数学奥林匹克试题)

解 第一局已有 B 胜 A,以下各局比赛中若 A 获胜,则记以“—”,若 B 获胜,则记以“--”,若 C 获胜,则记以“---”.则 A 获胜有如图 4.122 所示的两种可能.

```
                第二种
                ———— 7
第一种          ———— 6
                - - - 5
———— 4          — — 4
———— 3          ———— 3
- - - 2         - - - 2
```

图 4.122

由于每局比赛两人获胜的概率都是$\frac{1}{2}$,所以卦中每一爻都有两种可能的情况出现,例如也可能出现图 4.123 那样的两个卦.

```
                ———— 7
                ———— 6
                — — 5
———— 4          — — 4
———— 3          ———— 3
— — 2           — — 2
```

图 4.123

图 4.122 中第一种是 3 爻卦,出现的概率为$\frac{1}{8}$,第二种为 6 爻卦,出现的概率为$\frac{1}{64}$.所以,A 获胜的概率为

$$\frac{1}{8}+\frac{1}{64}=\frac{8}{64}+\frac{1}{64}=\frac{9}{64}$$

题 88　长为 14，宽为 10 的长方形分成边长为 1 的 140 个小正方形. 如图 4.124，相间地涂以黑白二色，在各小正方形内任意填入 0 或 1，使各行、各列中都有奇数个 1. 证明：填在黑色小方格内的 1 一定是偶数个.（1991 年日本数学奥林匹克试题）

证　如图 4.124，黑色方格或者在奇数行奇数列，或者在偶数行偶数列，将黑格中的一个 1 用一个阳爻“⚊”表示，再考虑奇数行偶数列中的白格里的 1，用两个阳爻“⚌”表示.

现在把 5 个奇数横行的阳爻个数加起来（在有两个阳爻的格子里只算上面的一个），因每一横行中阳爻的个数都是奇数，5 个奇数之和仍为奇数. 再把 7 个偶数列上的阳爻数加起来（有两个阳爻的格只算下面的一个），由于每列上的阳爻数也是奇数个，7 个奇数之和仍为奇数. 把两次统计的结果合起来得到一个偶数，记这个偶数为 $2n$.

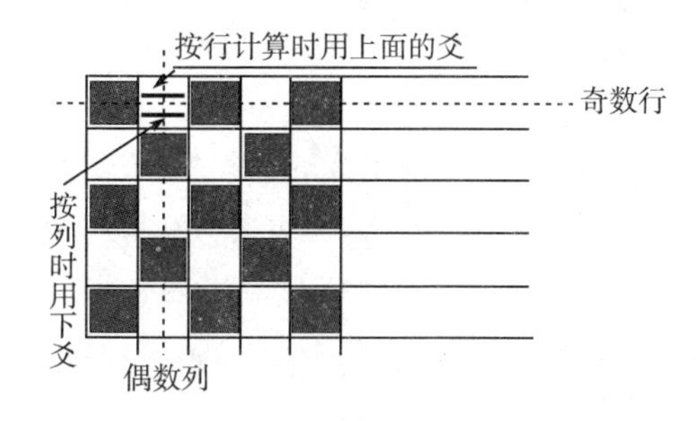

图 4.124

注意到黑格中的阳爻每个只算了一次，而在白格中的阳爻有两个，因为白格都位于奇数行偶数列，在计算奇数行和偶数列的阳爻时分别计算了一个，所以白格中的阳爻每格中都计算了两次(与白格中放的阳爻个数相同)，总共计算了偶数 $2m$ 次.在 $2n$ 中减去 $2m$，就得到偶数 $2(n-m)$.因为黑格要么在奇数行奇数列，要么在偶数行偶数列，统计了奇数行和偶数列上的阳爻，也就包括了表格中的全部阳爻，正好是偶数 $2(n-m)$.所以黑格中1的个数必为一个偶数.

第5节　国际数学奥林匹克试题选解

国际数学奥林匹克，全名为 International Mathematical Olympiad，简称 IMO. IMO 是当前国际上规模最大、影响最深，被公认为水平最高的中学生学科竞赛活动.

IMO 自1959年于罗马尼亚举行首届竞赛以来，已举行42届.原来只有东欧少数几个国家参加，以后参赛的国家和地区逐年扩大，至今已有七八十个国家和地区参加.

IMO 每年6道题，每年世界各国都有不少数学家为 IMO 的命题工作殚精竭虑，费尽心思，编制出不少新颖别致、灵活多样的试题.解答 IMO 试题，可以说是对人的思维能力最有效的训练.由于这些试题一般难度较大，解答的篇幅较多，本书限于篇幅，只挑选了少量题目给予解答.

题 89　有5个学生 A,B,C,D,E 参加一次竞赛.某人猜测结果的名次是 A,B,C,D,E，但没有猜中任何名次，也没有猜中任何一对相邻名次的顺序；另一人

猜测的名次是 D,A,E,C,B，这人猜中了两个名次，还猜对了两对相邻名次的顺序.求竞赛结果的实际名次.(1963 年第五届国际数学奥林匹克试题)

解　从第二人的猜测知，他猜中的两个名次必须是相邻的，否则至多猜中一对名次的顺序.猜中的两个名次只有 4 种可能：DA,AE,EC,CB，下面分别讨论.

将 D,A,E,C,B 排成次序，若他所取的实际名次与它的位置相符，则于其下画一阳爻.在被猜中的一对名次顺序下面分别画阴爻.显而易见，下列事实成立：

若两个画阴爻的名次顺序中有一个又画了阳爻，则另一个也要画阳爻.因为其中一个画了阳爻，意味着其名次已经猜对，另一个名次(在前或在后)既必须与他紧邻，也同时必猜中.

(1)若被猜中的两个名次是 AE，另一对被猜中的相邻顺序：

若为 DA，则 $DAECB$，从而有 $DAECB$. D,A,E 3 个名次均被猜中，与题设矛盾.

若为 EC，则 $DAECB$，从而有 $DAECB$. A,E,C 3 个名次均被猜中，仍与题设矛盾.

若为 CB，因 CB 不能调到 A,E 之间，它们四、五名的身份无法改变，故必 $DAECB$，将有 A,E,C,B 4 个名次被猜中，矛盾，故猜中的一对名次不可能是 AE.

(2)对称地可知，被猜中的一对也不可能是 EC.

(3)若猜中的两个名次是 DA，则

$$DAECB$$

由于 E 不能在第三、第五位，C 不能在第三位(否

则第一人将猜对一个名次),于是只能有

$$D\ A\ B\ E\ C$$

但 AB 与第一人猜的相符,矛盾.故猜中的两个名次为 DA 亦不成立.

(4)若猜中 CB,即

$$D\ A\ E\ C\ B$$

因 A 不能居首,DE 不能相连(否则第一人将有猜中),E 不能居第三,故只有

$$E\ D\ A\ C\ B$$

所以,五个名次依次为 E,D,A,C,B.

题 90 17 名科学家,每一个都和其余的人通信.在他们的通讯中,只讨论 3 个题目,而且每两个科学家之间只讨论 1 个题目.求证:至少有 3 个科学家相互之间在讨论同一个题目.(1964 年第六届国际中学生数学竞赛试题)

证 我们用一个有一个阳爻的 3 爻卦表示两个科学家讨论某一个题目.例如☳表示讨论第一个题目,☵表示讨论第二个题目,☶表示讨论第三个题目.

现在在 17 个人中任取一人 A,A 与其他 16 人对应有 16 个 1 阳爻的卦,必然某种卦不少于 6 个,比方说☳卦有 6 个.

在这 6 个与 A 成☳卦的人中再任选一人 B,B 与其他 5 人又对应有 5 个卦,若 B 与 C 对应☳卦,则 A,B,C 3 人讨论同一题目.

若 B 与另 5 人所成的卦都没有☳卦,则只有☵卦和☶两种,必有某种卦有 3 个.不妨设☵卦有 3 个.

在相应的 3 个人中又两两对应一卦,共 3 卦,若有

C,D 2 人也对应☵卦，则 B,C,D 3 人讨论同一个问题.

若 3 人中没有任何两人成☵卦，则 3 人两两之间都成☶卦，于是这 3 人便讨论同一问题.

综上所述，可知 17 人中至少有 3 人在通信中讨论同一问题.

题 91　一棱柱以五边形 $A_1A_2A_3A_4A_5$ 与 $B_1B_2B_3B_4B_5$ 为上、下底，这两个多边形的每一条边及每一条线段 $A_iB_j(i,j=1,2,3,4,5)$ 均涂上红色或绿色. 以每一个棱柱顶点为顶点，以已知涂色的线段为边的三角形均有两条边颜色不同. 证明：上、下底 10 条边颜色一定相同.（1979 年第 21 届国际中学生数学奥林匹克试题）

证　(1)证上底的 5 条边必同色，考虑图 4.125 的 4 个 5 爻卦：

P		Q		R		T	
A_5A_1	——	A_1B_5	…………	B_5B_1	…………	A_2B_5	…………
A_4A_5	…………	A_1B_4	…………	B_4B_5	…………	A_2B_4	…………
A_3A_4	…………	A_1B_3	…………	B_3B_4	…………	A_2B_3	…………
A_2A_3	…………	A_1B_2	— —	B_2B_3	…………	A_2B_2	——
A_1A_2	— —	A_1B_1	— —	B_1B_2	——	A_2B_1	——

图 4.125

P 卦中：上底的边 $A_iA_{i+1}(i=1,2,3,4,5)$ 为红色则第 i 爻为阳爻；为绿色则第 i 爻为阴爻.

Q 卦中：$A_1B_i(i=1,2,3,4,5)$ 为红色，则第 i 爻为阳爻；为绿色则第 i 爻为阴爻. T 卦同此.

R 卦中：下底的边 $B_iB_{i+1}(i=1,2,3,4,5)$ 为红色，则第 i 爻为阳爻；为绿色则用阴爻.

Q 卦至少有 3 个爻同性，3 个同性爻中，必有两个相邻（B_5 认为与 B_1 是相邻顶点），故可设其一、二爻为阴爻.

P 卦中所有爻若不完全同性，必有两爻相邻而且异性,不妨设第一爻为阴爻,第五爻为阳爻,其中用虚线表示的爻爻性待定.

R 卦中因$\triangle A_1B_1B_2$ 的三边不能全同色,因 A_1B_1,A_1B_2 已同为阴爻,故第一爻 B_1B_2 必为阳爻.

T 卦中因$\triangle A_1A_2B_1$ 的三边不能全同色,因 A_1A_2,A_1B_1 已为阴爻,故第一爻 A_2B_1 必为阳爻,同理第二爻也为阳爻.

即得如图的 4 卦,T 卦的第一、第二爻,R 卦的第一爻均为阳爻,意味着$\triangle B_1B_2A_2$ 三边均为红色,矛盾.

这就证明了,上底 5 边必须同色.同理,下底 5 边也必须同色.

(2)证上、下底 10 条边都是同色.

如图 4.126,若上、下底 10 条边不同色,仍不妨设:

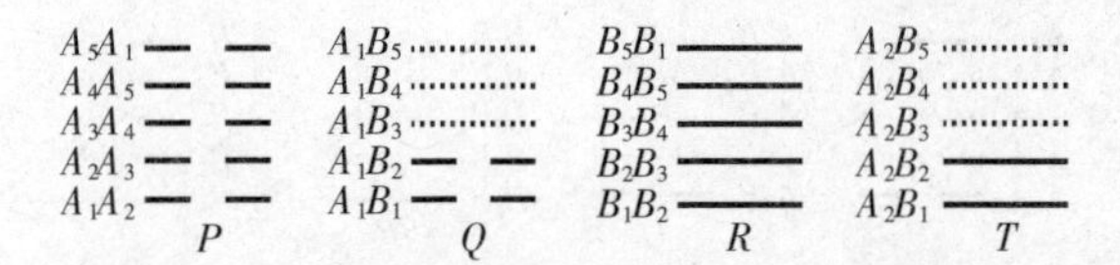

图 4.126

仍导出有同色三角形$\triangle A_2B_1B_2$,与假设矛盾,故上、下底 10 边也同色.

题 92 n 为正整数.整数 k 与 n 互素,$0<k<n$.集 $M=\{1,2,\cdots,n-1\}$,$n\geqslant 3$.今将 M 中每一个数都染上蓝或白两种颜色中的一种,使得:

(1)对 M 中每一个 i,i 与 $n-i$ 同色;

(2)对 M 中的每一个 i,$i\neq k$,i 与 $|k-i|$ 同色.

求证:M 中所有的数都同色.(1985 年第 26 届国际中学生数学奥林匹克试题)

证 我们造一个 $n-1$ 爻的卦 M:若集合 M 中的

数 i 染的是蓝色，则卦 M 的第 i 爻用阳爻；若数 i 染的是白色，则卦 M 的第 i 爻用阴爻. 不妨碍一般性，可设 M 的第 1 爻为阳爻. 由(1)知，M 是一个自复的卦(即第 1 爻与 $n-1$ 爻同性；第 2 爻与 $n-2$ 爻同性等等). 要证明，M 是一个全阳的卦(图 4.127).

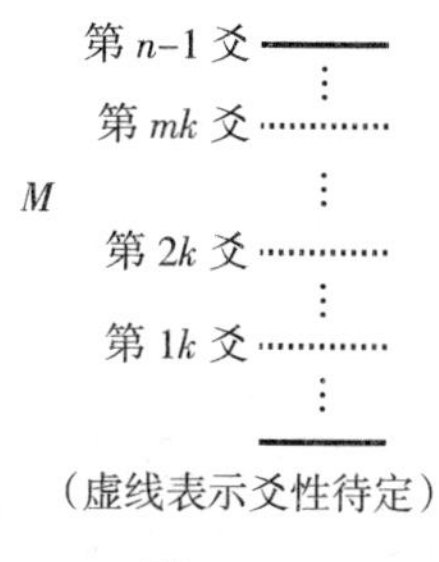

(虚线表示爻性待定)

图 4.127

根据染色规则，若两个爻的爻位相差 k 的倍数，则两个数同色，因而两个爻同性. 事实上，因 $mk+i$ 与 $|k-(mk+i)|$ 同色，而 $|k-(mk+i)|=(mk+i)-k=(m-1)k+i$，所以 $mk+i$ 与 $(m-1)k+i$ 同色，与 $(m-2)k+i$ 同色，……，与 $k+i$ 同色，……，与 i 同色.

因此，若 $n=mk+r$，$1\leqslant r\leqslant k-1$(因 n,k 互素，所以 $r\neq 0$，易知 k,r 也互素)，则 M 卦可以分成 m 个 k 爻卦和一个 r 爻卦. m 个 k 爻卦是相同的. 换言之，M 卦是由 m 个 k 爻卦相重叠，再加上该 k 爻卦的最下 r 个爻于其上而成的. 所以，要证 M 卦的所有爻都是阳爻，只要证明最下面的 k 个爻都是阳爻就行了.

再注意到，k 与 $n-k$ 同色，$n=mk+r$，因为 $n-k$ 与 r 相差 k 的倍数，所以 r 与 $n-k$ 同色，从而 r 与 k 同色. r 是小于 k 的数，所以要证明最下面 k 个爻是阳爻，事实上只要证明最下面 $k-1$ 个爻所成的卦 K(图

4.128)是全阳卦就可以了.

下面证明 K 卦与 M 卦具有完全同样的性质:即 k 与 r 互素,且满足染色规则(1),(2).

由规则(2),i 与 $|k-i|$ 同色,因卦 K 中的 i 都小于 k,故 $|k-i|=k-i$,即 i 与 $k-i$ 同色,满足染色规则(1).

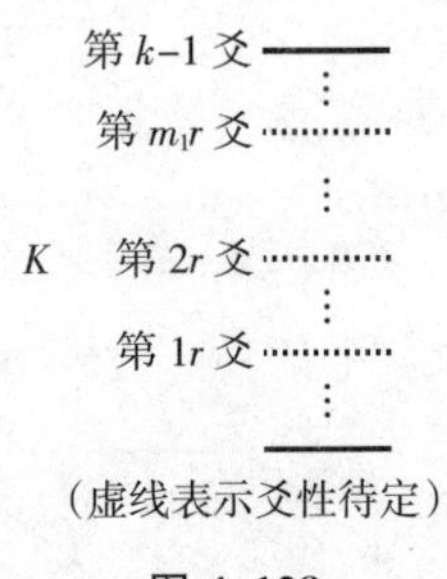

图 4.128

再看染色规则(2)对 K 是否满足.

若 $i<r$,则 $|r-i|=r-i$,已证 $r-i$ 与 $mk+(r-i)$ 即 $n-i$ 同色,但由规则(1),$n-i$ 与 i 同色,即 $|r-i|$ 与 i 同色,规则(2)满足.

若 $i>r$,则 $|r-i|=i-r$,$i-r$ 与 $|k-(i-r)|=(k+r)-i$ 同色,与 $(mk+r)-i=n-i$ 同色,与 i 同色,故 $|r-i|$ 与 i 同色,规则(2)也成立.

这意味着,用 k 代替 n,r 代替 k,题设的条件完全满足.要证明 M 的爻都为阳爻,只要证 K 的爻都为阳爻.

同样地,若 $k=m_1r+r_1$,则 K 卦可以看成 m_1 个 r 爻卦和它下面的 r_1 个爻重叠而成.对 $r-1$ 爻的卦 R,仍满足题设的条件.要证 K 卦的爻都是阳爻,只要证 R 卦的爻都是阳爻即可.接下去又要证 r_1-1 爻的卦 R_1 的爻都是阳爻就可以了.如此继续下去,最后只要证一个只包含一个爻即原 M 卦的第一爻的卦的所有

爻都是阳爻就可以了，这显然是成立的.

题 93[①]　奇偶子集的个数. 集合 $A=\{a_1,a_2,\cdots,a_n\}$有多少个子集含偶数个元素，有多少个子集含奇数个元素？

解　含偶数个元素的子集与含奇数个元素的子集的个数是相等的，即各有 2^{n-1}个.

$A=\{a_1,a_2,\cdots,a_n\}$，我们用一个 n 爻的卦来表示 A 的一个子集 B，即若 B 包含 a_1，则卦的第一爻取阳爻；若 B 不包含 a_2，则卦的第二爻取阴爻，如此等等. 因此，一个有奇数个元素的子集（简称奇集）可用一个有奇数个阳爻的卦（简称奇卦）表示，一个有偶数个元素的子集（简称偶集）可用一个偶数个阳爻的卦（简称偶卦）表示. 于是，我们只要证明奇卦和偶卦的个数相等就可以了. 现在，我们来建立奇卦与偶卦之间的一一对应.

分两种情况讨论.

当 n 为奇数时（不妨碍一般性，设 $n=7$），令一个卦与它的变卦（也称旁通卦，即把一个卦的所有爻都改变其爻性所得的卦）对应. 由于一个卦与其变卦的阳爻个数之和等于 n，n 为奇数，故一个卦与其变卦阳爻的个数必为一奇一偶. 如图 4.129 所示.

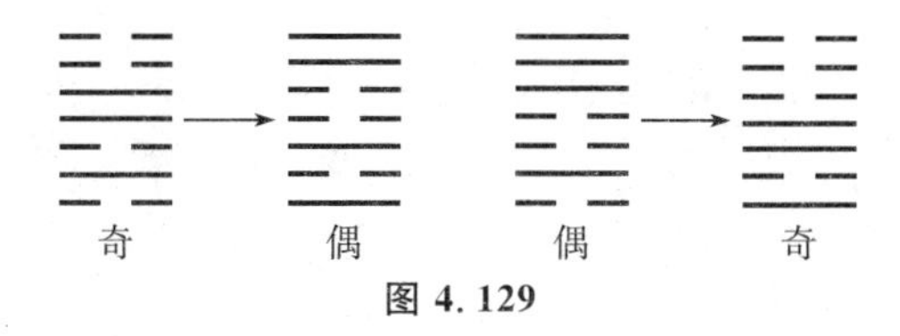

图 4.129

---

① 93～99 题未查明出自哪一国的数学奥林匹克试题，暂时归类于此，它们并非 IMO 的正式试题.

当 n 为偶数时(不妨碍一般性,取 $n=6$). 用下法建立奇卦与偶卦之间的一一对应. 将一个卦改变第 6 爻后得一新卦,将原卦与新卦对应. 由于新卦比原卦多一个阳爻或少一个阳爻,两卦必然一个是奇卦,一个是偶卦. 在它们之间建立对应,如图 4.130:

图 4.130

不难验证,两种映射都是一一对应,所以 A 的偶子集和奇子集的个数是相等的.

注 利用二项式定理,可这样来证明

$$(1-1)^n=C_n^0-C_n^1+C_n^2-C_n^3+\cdots=0$$

即
$$C_n^0+C_n^2+\cdots=C_n^1+C_n^3+\cdots$$

因为 C_n^0 表示空集 $\varnothing$ 的个数,C_n^2 表示 n 元集的 2 元子集的个数,C_n^3 表示 n 元集的 3 元子集的个数……由上式知,n 元集的奇子集与偶子集的个数相等.

题 94 有 m 个小白球排成一行,从其中任选 n 个球涂成黑色,若每两个黑球均不能相邻,问有多少种不同的涂色方法?

解 有 C_{m-n+1}^n 种.

假定有一个已经涂好了色的黑白球序列

○ ● ○ ○ ○ ● ○ ● (1)

将(1)中的白球换成阳爻"—",黑球换成阴爻"--"

— -- — — — -- — -- (2)

— ∨-- — — ∨-- -- (3)

在(2)中,除最后一个阴爻外(这个阴爻后面可能

还有阳爻，也可能已没有阳爻)，把每一个阴爻与它后面的阳爻“相乘”，并把所得乘积换掉这两个爻，乘法则按“同性相乘得阳，异性相乘得阴”的法则进行. 换句话说，用一个阴爻换掉一对相邻的阴爻与阳爻，因为换掉了 $n-1$ 对，去掉了 $n-1$ 个阳爻，所以就得到一个 $m-(n-1)=m-n+1$ 个爻的序列(3). (此处举例为 $m=8,n=3$)

将序列(3)中的爻依次从下到上排列，就得到一个有 3 个阳爻的 6 爻易卦($m-n+1=8-3+1=6$)䷿. 所以，我们可以建立一个从序列(2)的集合 A 到易卦集的 3 阴爻子集 B 之间的映射 f

(2) $\xrightarrow{f}$ ䷿

显然 f 是单射.

反过来，对每一个有 3 个阴爻的易卦䷿，可将它改写成(3′)的形式

(3′)

(2′)

在(3′)中除最后一个阴爻外，把其余的每一个阴爻都“分解”成一个阴爻与一个阳爻的乘积，就得到一个有 8 个爻的序列(2′)

䷿ $\xrightarrow{f'}$ (2′)

所以 f 是一一对应.

即黑白球序列(1)与 $m-n+1$ 爻卦中的 n 阳爻卦之间有一一对应的关系，而这样的卦有 C_{m-n+1}^{n} 个.

题 95　由 6 名学生按照下列条件组织运动队：

(1)每人可以报名参加若干个运动队；(2)任一运动队不能完全包含在另一队中，也不能与另一队完全相同.

试问在上述条件下，最多能组织多少个运动队？

解　一个运动队有几名学生参加，就用一个有几个阳爻的卦表示. 例如，一个运动队有第一、第四、第五 3 名学生参加，就用䷐卦来表示，因此，运动队与易卦(除坤卦䷁外)所成之集有一一对应的关系.

今设满足条件(1)，(2)的运动队(卦)所成之集合中，队数最多(即卦数最多)的一个集合是 M. 再记 M_i 是 M 中恰有 i 个阳爻的卦所成的子集($i=1,2,3,4,5,6$).

如果 M 中有 $i>3$ 的非空子集 M_i，例如，若 M_4 非空，其中有 4 阳爻卦，例如䷡. 则将此卦去掉一个阳爻后可得 4 个 3 阳爻卦

䷊　䷵　䷶　䷟　　(1)

这 4 个 3 爻卦原来都不在 M 中. 但另一方面，这些 3 爻卦中的任何一个最多可由 M_4 中 3 个卦去掉一个阳爻得到. 例如䷊只能由

䷡　䷄　䷙　　(2)

这 3 个卦去掉一个阳爻而得到. 因此在 M_4 中把(2)中的卦去掉，换成(1)中的卦，仍然符合条件(1)，(2)，但新的集合至少要比 M 多一个卦，与 M 是卦数最多的集合的假设矛盾.

同样地，如果 M 中有 $i<3$ 的非空子集 M_i，例如，若 M_2 非空，其中有 2 阳爻卦䷒. 则将其加上一个阳爻，可得 4 个 3 阳爻卦

䷊　䷵　䷻　䷨　　　　(3)

根据条件(2),这 4 个卦都不能包含在 M 中,但另一方面,(3)中的每一个卦,最多可由 M_2 中的 3 个 2 阳卦加一阳爻而得到,例如䷊卦,只能由

䷭　䷣　䷒　　　　(4)

这 3 个 2 阳卦加一阳爻而得到.

因此,去掉 M_2 中(4)内的卦换上(3)中的 4 卦之后,新集合至少比 M 多一个卦. 仍然符合条件(1)、(2),与 M 是卦数最多的符合条件(1),(2)的集的假设矛盾.

因此,M 中只能包含 3 阳爻的卦. 3 个阳爻的卦共有 $C_6^3=20$ 个,即符合条件(1),(2)的运动队最多能有 20 个.

题 96　一对夫妇有 5 个儿子. 一天父亲突发奇想:每餐吃饭时,全家 7 口人每餐都变动座次地围坐一张圆桌,使得连续若干餐后,每人都恰好和其他各人相邻一次. 他要怎样才能实现这个计划?

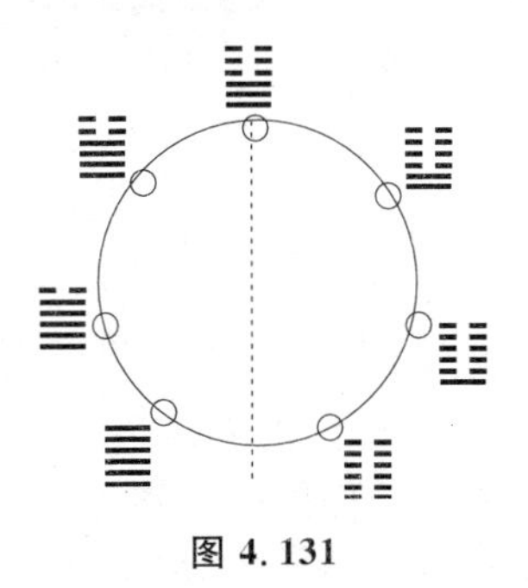

图 4.131

解　用坤卦䷁代表母亲,䷀乾卦代表父亲,5 个顺次有 1,2,3,4,5 个阳爻的卦䷪,䷡,䷊,䷒,䷗分别代表 5 个儿子. 以母亲为中心,其余 6 个人分成 $6\div 2=3$

对，每次设法使一对人坐在母亲身边，只要 3 餐饭就可实现父亲的计划. 具体的坐法如下：开始时如图4.131，以父母之间为分界线，以母亲为首按反时针顺序排成一行

䷁ ䷗ ䷒ ䷊ ䷡ ䷪ ䷀ (1)
0 1 2 3 4 5 6

第二餐令坐在奇数位的人顺次移到最后(母亲坐于 0 位始终不动)，按此次序入座.

䷁ ䷒ ䷡ ䷀ ䷗ ䷊ ䷪ (2)
0 1 2 3 4 5 6

第三餐再令坐在奇数位的人顺次移到最后(母亲不动)，按此次序入座，成为

䷁ ䷡ ䷗ ䷪ ䷒ ䷀ ䷊ (3)
0 1 2 3 4 5 6

再重复一次类似的调整，就回到第一次入座的位置. 在前三次入座中，每个家庭成员恰好与每一个家庭成员相邻一次.

现在我们来分析为什么上面的办法可以达到预期的目的. 在开始的坐法(1)时，可以是任意的，但我们用阳爻的个数排了一个序. 任取一卦，例如䷊，考虑与它左右相邻的卦

䷒ ䷊ ䷡

左右两边卦中阳爻的个数加起来，恰好等于中间一卦的两倍. 我们自然想到，其余的 4 卦是否也可以两两配对，使左右两边卦中阳爻之和等于中间卦的两倍，即 6 个阳爻. 这是可以做到的，例如分成

䷁ ䷀ 和 ䷗ ䷪

于是，把䷊置于䷗与䷪中间就是坐法(2). 再从坐法(2)到坐法(3)，就把䷊置于䷀与䷁之间了.

题 97　500 名来自不同国家的代表参加一个国际会议,每个代表都懂得若干种语言.已知,其中任意 3 位代表之间都可进行交谈而不需要他人帮助(可能出现 3 人中有 1 人充当另外两人的翻译的情况).证明:可以将这 500 名代表分配住进 250 个房间,使得每个房间里住的两个人都可以进行交谈.

证　因为在任何 3 名代表中都可以相互交谈,无论是相互都能交谈,还是有 1 人充当另两人的翻译的情况,其中至少有两人可直接交谈,把这两人分进同一房间后,剩下的代表中任取 3 人,上述结论仍然成立,又可分出两人住进第二个房间.如此继续,最后会出现只剩下 4 名代表的情况.

我们考虑“四象”的情况

⚌　⚎　⚍　⚏

我们假定“四象”代表 4 个人,有相同爻性的可以互相交谈,没有相同爻性的不能互相交谈.

现在在最后剩下的 4 个人中,“⚌”和“⚏”不能多于两个,否则,例如有两个“⚌”和一个“⚏”则此 3 人{⚌,⚌,⚏}就不能互相交谈;同理 3 人{⚌,⚏,⚏}也不能交谈.所以 4 人中至多有两个⚌和⚏,即⚎和⚍至少有 2 个,把此 2 人分别住进两个不同的房间,另两个人任意分配进这两个房间,两个房间的人都能互相交谈.

题 98　4 个半径为 r 的小球放入圆筒 A 中,从上到下依次编号为 1,2,3,4. A 的底面半径略大于 r. B, C 是与 A 相同的圆筒.将 A 中的球经过 B 单向向 C 中转移,即不允许从 C 移入 B 或从 B 移入 A. B 中可暂存若干个球.但要遵守“后进先出”的规则.问将全部小球移入 C 后,C 中的球共有多少种排列方式?(图4.132)

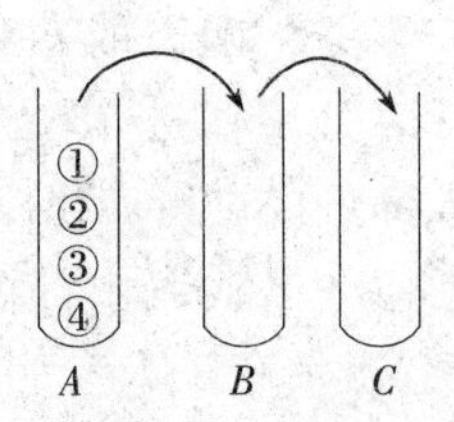

图 4.132

解 共有14种.

每一个球从 A 管进入 C 管共需2步,即从 A 到 B,从 B 到 C 各1步.4个球共需8步,我们将它编号为1～8步.于是我们就可用一个8爻卦来描述每个球的转移:如果某球第 i 步从 A 到 B,第 j 步从 B 到 $C(1\leqslant i<j\leqslant 8)$,则用一个第 i,j 两爻是阳爻,其余6个爻是阴爻的8爻卦表示.例如,如果第①球的转移过程是按图4.133进行的:

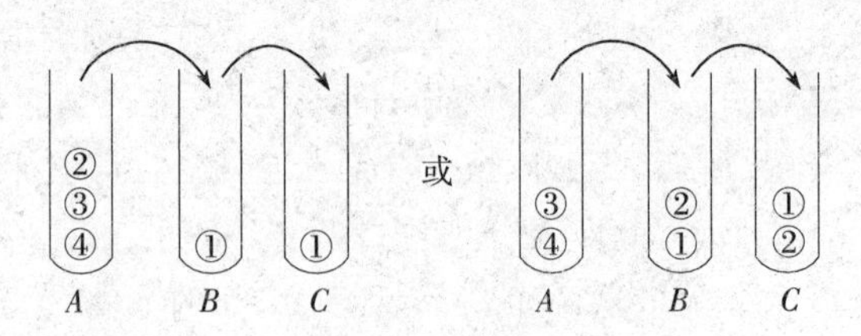

图 4.133

就分别用图4.134的两个卦表示:

图 4.134

在第一卦中，表示第①球第一步从 A 到 B，第二步从 B 到 C. 在第二卦中表示①球第一步从 A 到 B，第二、第三步是移动别的球，与①球无关，第四步①球再从 B 到 C.

每一次把 4 个球经过 B 转入 C，每一个球可用一个卦描述，4 个球就可用一个 4 卦组描述. 显然，这个 4 卦组应满足条件：

(1)4 卦恰好有 8 个阳爻，每一个爻位上有且只有一个阳爻.

(2)表示①的卦第一个阳爻在第一爻位；表示②的卦第一个阳爻不高于第三爻位；表示③的卦第一个阳爻不高于第五爻位；表示④的卦第一个阳爻不高于第七爻位.

(3)根据“后进先出”的规则，每一卦中的两个阳爻之间一定夹着偶数个阴爻.

(4)根据“后进先出”的规则，标号较大的球对应的卦中两个阳爻之间不能夹有标号较小的球对应的卦的阳爻.

根据上述 4 条，①，②，③，④ 4 球所对应的卦两个阳爻分布的可能位置是：

①：一与二，一与四，一与六，一与八；

②：二与三，二与五，二与七，三与四，三与六，三与八；

③:三与四,三与六,四与五,四与七,五与六,五与八,六与七;

④:四与五,五与六,六与七,七与八.

将各种可能的情况进行搭配,即得 14 种可能情况,如下表:

①	②	③	④
1,2	3,4	5,6	7,8
		5,8	6,7
	3,6	4,5	7,8
	3,8	4,5	6,7
		4,7	5,6
1,4	2,3	5,6	7,8
1,6	2,3	4,5	7,8
	2,5	3,4	7,8
1,8	2,3	4,5	6,7
	2,5	3,4	6,7
	2,7	3,6	4,5
	2,3	4,7	5,6
1,4	2,3	5,8	7,6
1,8	2,7	3,4	5,6

题 99 有一堆火柴有若干根,两人进行取火柴的游戏.游戏规则如下:两人轮流从这堆火柴中取走 P^n 根火柴,其中 P 为质数,n 为非负整数.谁取得最后一根火柴,谁即为胜者.试问谁有获胜的策略.

解 将火柴依次排成若干个乾卦,剩下的零头排不成一个乾卦时,就用{䷗,䷒,䷊,䷡,䷪}中的某一个表示,称为余卦.

*:䷀ ䷀ ䷀…䷀

*这是余卦,它表示或者没有卦,或者是{䷗,䷒,䷊,䷡,䷪}中的某一个.

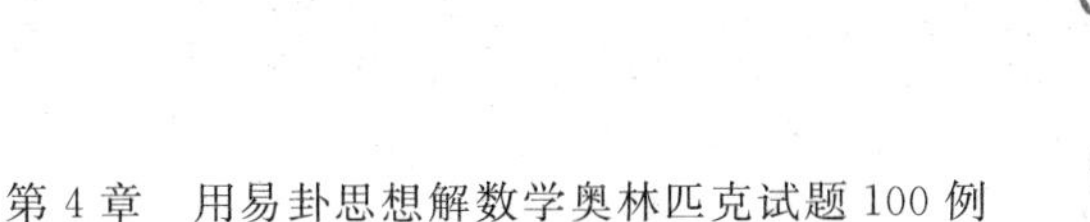

因为 5 种余卦的阳爻个数分别为 1,2,3,4,5

$$1=2^0,2=2^1,3=3^1,4=2^2,5=5^1$$

都可以写成质数 P 的乘方,按照游戏规则,一次取走一个余卦 * 是可以的.

因为 $6=2\times3$,不能写成一个质数的乘方,所以,按照游戏规则,不能一次取走若干个乾卦.故取胜的策略:

(1)余卦 * 是{䷗,䷒,䷊,䷡,䷪}中某卦,则先取者可以获胜.

因为先取者只要第一次取走余卦 *,后取者面临着全是乾卦的局面,他不能恰好取走若干乾卦,取后必然留下一个新的余卦 $*_1$.先取者第二次又取走新的余卦 $*_1$,后取者又重新面临全是乾卦的局面,取火柴后又留下新的余卦 $*_2$,先取者再取走 $*_2$.如此继续,经过有限次地轮番取火柴后,乾卦不断减少,最后只剩下一个余卦 $*_k$,先取者一次取走而获胜.

(2)如果开始时 * 表示没有余卦,则后取者有必胜策略.因为这时先取者面临的全是乾卦,与(1)中先取者取走余卦后的情况相同,由(1)知,后取者必胜.

题 100　设 n 是一个大于 1 的整数.有 n 个灯 L_0,L_1,…,L_{n-1} 作环状排列.每个灯的状态要么“开”,要么“关”.现在进行一系列的步骤 S_0,S_1,…,S_i….步骤 S_j 按下列规则影响 L_j 的状态(它不改变其他所有的灯的状态).

如果 L_{j-1} 是“开”的,则 S_j 改变 L_j 的状态,使它从“开”到“关”或者从“关”到“开”.

如果 L_{j-1} 是“关”的,则 S_j 不改变 L_j 的状态.

上面的叙述中灯的编号应按模 n 同余的方式理

解，即

$$L_{-1}=L_{n-1},L_0=L_n,L_1=L_{n+1},\cdots$$

假设开始时全部灯都是“开”的.求证：

(1)存在一个正整数 $M(n)$，使得经过 $M(n)$ 个步骤后，全部灯再次成为“开”的；

(2)若 n 为 2^k 型的数，经由 n^2-1 个步骤之后，全部的灯都是“开”的；

(3)若 n 为 2^k+1 型的数，则经 n^2-n+1 个步骤之后，全部的灯都是“开”的.(1993 年第 34 届国际数学奥林匹克试题)

证　这是历年 IMO 试题中最难的问题之一，用普通数学的方法解答此题亦非易事.作者曾以《从古老的〈周易〉到最新的 IMO 试题》为题撰写文章，介绍如何用易卦思想来解此题，文章曾分别发表在《周易研究》(山东)和《数学竞赛》(湖南)杂志上.

为简便计，我们用阳爻“⚊”(记“⚊”作 1，并把直排的卦横写成布尔向量的形式)表示灯“开”，用 0 表示灯“关”，第一盏灯的状态用第一爻(第一分量)表示，第二盏灯的状态用第二爻表示，等等，并在周而复始(即模 n 同余)的意义下理解它们的编号.则 n 盏灯的每一个状态都可用一个 n 爻卦 T_i(进行 S_i 步骤后的状态)表示.特别地，初始状态 T_0 就是乾卦

$$e=(1,1,\cdots,1)=T_0$$

引入记号 f_i，f_i 表示只有第 i 爻为 0 的 n 爻卦.即

$$f_i=\underbrace{(1,1,\cdots,1,0,1,\cdots,1)}_{\text{第}i\text{个为}0}$$

再记

$$S_i=\begin{cases}e,\text{当 } T_{i-1} \text{ 的 } n-1 \text{ 爻为 } 0\\ f_i,\text{当 } T_{i-1} \text{ 的 } n-1 \text{ 爻为 } 1\end{cases}\tag{1}$$

那么,灯的各种状态就可用n爻卦所成的群G中的乘法表示(乘法按“同性相乘得阳,异性相乘得阴)的方法进行.

若灯的第i个状态为L_i,则

$$T_i = T_{i-1}S_i \tag{2}$$

事实上,按照乘法的法则,根据定义(1),若T_{i-1}的$n-1$爻为0,则$S_i=e$,用e去乘T_{i-1},T_{i-1}的各爻都不发生变化,特别是,T_{i-1}的第i爻不发生变化.这时T_i与T_{i-1}相同,与问题的规定相符.若T_{i-1}的$n-1$爻为1,则$S_i=f_i$,f_i只有第i爻为0,用f_i去乘T_{i-1},T_{i-1}除第i爻外都不改变,第i爻改为相反的爻,符合T_i的规定.

根据式(2),便有

$$T_0 = e$$
$$T_1 = T_0S_1 = eS_1 = S_1$$
$$T_2 = T_1S_2 = S_1S_2$$
$$T_3 = T_2S_3 = S_1S_2S_3$$

一般地,我们有

$$T_i = S_1S_2\cdots S_i \quad (i=1,2,\cdots) \tag{3}$$

反过来,就有

$$S_1S_2\cdots S_{i-1}T_i = (S_1S_2\cdots S_{i-1})^2S_i = eS_i$$

所以

$$S_i = S_1S_2\cdots S_{i-1}T_i \tag{4}$$

假定在下标$1,2,\cdots,i-1$中有k个与$i-1$模n同余,且在这k个S中有奇数个f,则由式(3)

$$T_{i-1} = S_1S_2\cdots S_{i-1}T_0$$

则T_{i-1}的第$n-1$爻由T_0的第$n-1$爻(即1)改变了奇数次爻性,即T_{i-1}的$n-1$爻为0,因此,S_i不使T_{i-1}

的第 i 爻变性,即 $T_{i-1}=T_i$. 换言之,这时 $S_i=e$. 若 k 个 S 中有偶数个 f,则 T_{i-1} 的第 $i-1$ 爻为 1, S_i 把 T_{i-1} 变为 T_i 时必须改变 T_{i-1} 的第 i 爻爻性,所以 $S_i=f_i$.

现在回到问题的证明.

我们证明命题(1):对于任意的正整数 $n>1$,一定存在正整数 $m=M(n)$,使

$$T_m=S_1S_2\cdots S_m=T_0 \tag{5}$$

将卦 S_i 与卦 T_i 配成卦对 (S_i,T_i),由于 S_i, T_i 都只有有限个,卦对也只有有限个,卦对的无穷序列

$$(S_1,T_1),(S_2,T_2),\cdots,(S_i,T_i)\cdots \tag{6}$$

必出现循环. 设从 (S_i,T_i) 到 (S_j,T_j) 是一个循环周期,则

$$(S_i,T_i)=(S_j,T_j)$$

即 $T_i=T_j$, $S_i=S_j$[$S_i=S_j$ 系指 $i\equiv j \pmod n$,且 S_i 与 S_j 同为 e 或 f_i],从而

$$S_iT_i=S_jT_j$$

但

$$\begin{aligned}T_{i-1}&=S_1S_2\cdots S_{i-1}=S_1S_2\cdots S_{i-1}S_i^2\\&=T_iS_i=T_jS_j=S_1S_2\cdots S_{j-1}S_j^2\\&=S_1S_2\cdots S_{j-1}=T_{j-1}\end{aligned}$$

由 $T_{i-1}=T_{j-1}$ 可推出 $S_{i-1}=S_{j-1}$. 事实上,设 $k\equiv i-1\equiv j-1 \pmod n$, $1\leqslant k\leqslant n$,则 S_{i-1} 由 T_{i-2} 的第 $k-1$ 爻完全决定, S_{j-1} 也由 T_{j-1} 的第 $k-1$ 爻完全决定. 因为 T_{i-1} 除第 k 爻与 T_{i-2} 可能不同外,其余各爻都相同,特别是 T_{i-1} 与 T_{i-2} 的第 $k-1$ 爻相同;同理 T_{j-1} 与 T_{j-2} 的第 $k-1$ 爻也相同. 但 $T_{i-1}=T_{j-1}$,所以 T_{i-2} 与 T_{j-2} 的第 $k-1$ 爻相同,从而 $S_{i-1}=S_{j-1}$. 这意味着

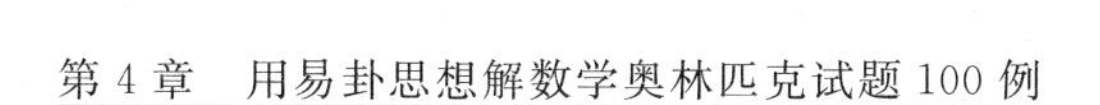

$$(S_i, T_i)=(S_j, T_i)\Rightarrow(S_{i-1}, T_{i-1})=(S_{j-1}, T_{j-1})$$

类似地又有

$$\begin{aligned}
&(S_{i-1}, T_{i-1})=(S_{j-1}, S_{j-1}) \\
\Rightarrow &(S_{i-2}, T_{i-2})=(S_{j-2}, S_{j-2}) \\
\Rightarrow &(S_{i-3}, T_{i-3})=(S_{j-3}, S_{j-3}) \\
&\vdots \\
\Rightarrow &(S_0, T_0)=(S_{j-i}, T_{j-i})
\end{aligned}$$

令 $j-i=m=M(n)$,则得 $T_m=T_0$.

从而命题(1)获证.

至于命题(2)与(3)的证明因较复杂,此处从略,有兴趣的读者,可参阅前面指出的两篇论文.

哈尔滨工业大学出版社刘培杰数学工作室已出版(即将出版)图书目录

书　　名	出版时间	定　价	编号
新编中学数学解题方法全书(高中版)上卷	2007－09	38.00	7
新编中学数学解题方法全书(高中版)中卷	2007－09	48.00	8
新编中学数学解题方法全书(高中版)下卷(一)	2007－09	42.00	17
新编中学数学解题方法全书(高中版)下卷(二)	2007－09	38.00	18
新编中学数学解题方法全书(高中版)下卷(三)	2010－06	58.00	73
新编中学数学解题方法全书(初中版)上卷	2008－01	28.00	29
新编中学数学解题方法全书(初中版)中卷	2010－07	38.00	75
新编中学数学解题方法全书(高考复习卷)	2010－01	48.00	67
新编中学数学解题方法全书(高考真题卷)	2010－01	38.00	62
新编中学数学解题方法全书(高考精华卷)	2011－03	68.00	118
新编平面解析几何解题方法全书(专题讲座卷)	2010－01	18.00	61
新编中学数学解题方法全书(自主招生卷)	2013－08	88.00	261
数学眼光透视	2008－01	38.00	24
数学思想领悟	2008－01	38.00	25
数学应用展观	2008－01	38.00	26
数学建模导引	2008－01	28.00	23
数学方法溯源	2008－01	38.00	27
数学史话览胜	2008－01	28.00	28
数学思维技术	2013－09	38.00	260
从毕达哥拉斯到怀尔斯	2007－10	48.00	9
从迪利克雷到维斯卡尔迪	2008－01	48.00	21
从哥德巴赫到陈景润	2008－05	98.00	35
从庞加莱到佩雷尔曼	2011－08	138.00	136
数学解题中的物理方法	2011－06	28.00	114
数学解题的特殊方法	2011－06	48.00	115
中学数学计算技巧	2012－01	48.00	116
中学数学证明方法	2012－01	58.00	117
数学趣题巧解	2012－03	28.00	128
三角形中的角格点问题	2013－01	88.00	207
含参数的方程和不等式	2012－09	28.00	213

哈尔滨工业大学出版社刘培杰数学工作室已出版(即将出版)图书目录

书 名	出版时间	定 价	编号
数学奥林匹克与数学文化(第一辑)	2006—05	48.00	4
数学奥林匹克与数学文化(第二辑)(竞赛卷)	2008—01	48.00	19
数学奥林匹克与数学文化(第二辑)(文化卷)	2008—07	58.00	36′
数学奥林匹克与数学文化(第三辑)(竞赛卷)	2010—01	48.00	59
数学奥林匹克与数学文化(第四辑)(竞赛卷)	2011—08	58.00	87
数学奥林匹克与数学文化(第五辑)	2014—09		370
发展空间想象力	2010—01	38.00	57
走向国际数学奥林匹克的平面几何试题诠释(上、下)(第1版)	2007—01	68.00	11,12
走向国际数学奥林匹克的平面几何试题诠释(上、下)(第2版)	2010—02	98.00	63,64
平面几何证明方法全书	2007—08	35.00	1
平面几何证明方法全书习题解答(第1版)	2005—10	18.00	2
平面几何证明方法全书习题解答(第2版)	2006—12	18.00	10
平面几何天天练上卷·基础篇(直线型)	2013—01	58.00	208
平面几何天天练中卷·基础篇(涉及圆)	2013—01	28.00	234
平面几何天天练下卷·提高篇	2013—01	58.00	237
平面几何专题研究	2013—07	98.00	258
最新世界各国数学奥林匹克中的平面几何试题	2007—09	38.00	14
数学竞赛平面几何典型题及新颖解	2010—07	48.00	74
初等数学复习及研究(平面几何)	2008—09	58.00	38
初等数学复习及研究(立体几何)	2010—06	38.00	71
初等数学复习及研究(平面几何)习题解答	2009—01	48.00	42
世界著名平面几何经典著作钩沉——几何作图专题卷(上)	2009—06	48.00	49
世界著名平面几何经典著作钩沉——几何作图专题卷(下)	2011—01	88.00	80
世界著名平面几何经典著作钩沉(民国平面几何老课本)	2011—03	38.00	113
世界著名解析几何经典著作钩沉——平面解析几何卷	2014—01	38.00	273
世界著名数论经典著作钩沉(算术卷)	2012—01	28.00	125
世界著名数学经典著作钩沉——立体几何卷	2011—02	28.00	88
世界著名三角学经典著作钩沉(平面三角卷Ⅰ)	2010—06	28.00	69
世界著名三角学经典著作钩沉(平面三角卷Ⅱ)	2011—01	38.00	78
世界著名初等数论经典著作钩沉(理论和实用算术卷)	2011—07	38.00	126
几何学教程(平面几何卷)	2011—03	68.00	90
几何学教程(立体几何卷)	2011—07	68.00	130
几何变换与几何证题	2010—06	88.00	70
计算方法与几何证题	2011—06	28.00	129
立体几何技巧与方法	2014—04	88.00	293
几何瑰宝——平面几何500名题暨1000条定理(上、下)	2010—07	138.00	76,77
三角形的解法与应用	2012—07	18.00	183
近代的三角形几何学	2012—07	48.00	184
一般折线几何学	即将出版	58.00	203
三角形的五心	2009—06	28.00	51
三角形趣谈	2012—08	28.00	212
解三角形	2014—01	28.00	265
三角学专门教程	2014—09	28.00	387
圆锥曲线习题集(上)	2013—06	68.00	255

哈尔滨工业大学出版社刘培杰数学工作室已出版(即将出版)图书目录

书　名	出版时间	定　价	编号
俄罗斯平面几何问题集	2009—08	88.00	55
俄罗斯立体几何问题集	2014—03	58.00	283
俄罗斯几何大师——沙雷金论数学及其他	2014—01	48.00	271
来自俄罗斯的5000道几何习题及解答	2011—03	58.00	89
俄罗斯初等数学问题集	2012—05	38.00	177
俄罗斯函数问题集	2011—03	38.00	103
俄罗斯组合分析问题集	2011—01	48.00	79
俄罗斯初等数学万题选——三角卷	2012—11	38.00	222
俄罗斯初等数学万题选——代数卷	2013—08	68.00	225
俄罗斯初等数学万题选——几何卷	2014—01	68.00	226
463个俄罗斯几何老问题	2012—01	28.00	152
近代欧氏几何学	2012—03	48.00	162
罗巴切夫斯基几何学及几何基础概要	2012—07	28.00	188
超越吉米多维奇——数列的极限	2009—11	48.00	58
Barban Davenport Halberstam 均值和	2009—01	40.00	33
初等数论难题集(第一卷)	2009—05	68.00	44
初等数论难题集(第二卷)(上、下)	2011—02	128.00	82,83
谈谈素数	2011—03	18.00	91
平方和	2011—03	18.00	92
数论概貌	2011—03	18.00	93
代数数论(第二版)	2013—08	58.00	94
代数多项式	2014—06	38.00	289
初等数论的知识与问题	2011—02	28.00	95
超越数论基础	2011—03	28.00	96
数论初等教程	2011—03	28.00	97
数论基础	2011—03	18.00	98
数论基础与维诺格拉多夫	2014—03	18.00	292
解析数论基础	2012—08	28.00	216
解析数论基础(第二版)	2014—01	48.00	287
解析数论问题集(第二版)	2014—05	88.00	343
数论入门	2011—03	38.00	99
数论开篇	2012—07	28.00	194
解析数论引论	2011—03	48.00	100
复变函数引论	2013—10	68.00	269
无穷分析引论(上)	2013—04	88.00	247
无穷分析引论(下)	2013—04	98.00	245

哈尔滨工业大学出版社刘培杰数学工作室已出版(即将出版)图书目录

书　　名	出版时间	定　价	编号
数学分析	2014－04	28.00	338
数学分析中的一个新方法及其应用	2013－01	38.00	231
数学分析例选:通过范例学技巧	2013－01	88.00	243
三角级数论(上册)(陈建功)	2013－01	38.00	232
三角级数论(下册)(陈建功)	2013－01	48.00	233
三角级数论(哈代)	2013－06	48.00	254
基础数论	2011－03	28.00	101
超越数	2011－03	18.00	109
三角和方法	2011－03	18.00	112
谈谈不定方程	2011－05	28.00	119
整数论	2011－05	38.00	120
随机过程(Ⅰ)	2014－01	78.00	224
随机过程(Ⅱ)	2014－01	68.00	235
整数的性质	2012－11	38.00	192
初等数论 100 例	2011－05	18.00	122
初等数论经典例题	2012－07	18.00	204
最新世界各国数学奥林匹克中的初等数论试题(上、下)	2012－01	138.00	144,145
算术探索	2011－12	158.00	148
初等数论(Ⅰ)	2012－01	18.00	156
初等数论(Ⅱ)	2012－01	18.00	157
初等数论(Ⅲ)	2012－01	28.00	158
组合数学	2012－04	28.00	178
组合数学浅谈	2012－03	28.00	159
同余理论	2012－05	38.00	163
丢番图方程引论	2012－03	48.00	172
平面几何与数论中未解决的新老问题	2013－01	68.00	229
线性代数大题典	2014－07	88.00	351
法雷级数	2014－08	18.00	367

书　　名	出版时间	定　价	编号
历届美国中学生数学竞赛试题及解答(第一卷)1950－1954	2014－07	18.00	277
历届美国中学生数学竞赛试题及解答(第二卷)1955－1959	2014－04	18.00	278
历届美国中学生数学竞赛试题及解答(第三卷)1960－1964	2014－06	18.00	279
历届美国中学生数学竞赛试题及解答(第四卷)1965－1969	2014－04	28.00	280
历届美国中学生数学竞赛试题及解答(第五卷)1970－1972	2014－06	18.00	281

哈尔滨工业大学出版社刘培杰数学工作室已出版(即将出版)图书目录

书　　名	出版时间	定　价	编号
历届 IMO 试题集(1959—2005)	2006—05	58.00	5
历届 CMO 试题集	2008—09	28.00	40
历届中国数学奥林匹克试题集	2014—10	38.00	394
历届加拿大数学奥林匹克试题集	2012—08	38.00	215
历届美国数学奥林匹克试题集:多解推广加强	2012—08	38.00	209
保加利亚数学奥林匹克	2014—10	38.00	393
历届国际大学生数学竞赛试题集(1994—2010)	2012—01	28.00	143
全国大学生数学夏令营数学竞赛试题及解答	2007—03	28.00	15
全国大学生数学竞赛辅导教程	2012—07	28.00	189
全国大学生数学竞赛复习全书	2014—04	48.00	340
历届美国大学生数学竞赛试题集	2009—03	88.00	43
前苏联大学生数学奥林匹克竞赛题解(上编)	2012—04	28.00	169
前苏联大学生数学奥林匹克竞赛题解(下编)	2012—04	38.00	170
历届美国数学邀请赛试题集	2014—01	48.00	270
全国高中数学竞赛试题及解答.第 1 卷	2014—07	38.00	331
大学生数学竞赛讲义	2014—09	28.00	371
整函数	2012—08	18.00	161
多项式和无理数	2008—01	68.00	22
模糊数据统计学	2008—03	48.00	31
模糊分析学与特殊泛函空间	2013—01	68.00	241
受控理论与解析不等式	2012—05	78.00	165
解析不等式新论	2009—06	68.00	48
反问题的计算方法及应用	2011—11	28.00	147
建立不等式的方法	2011—03	98.00	104
数学奥林匹克不等式研究	2009—08	68.00	56
不等式研究(第二辑)	2012—02	68.00	153
初等数学研究(Ⅰ)	2008—09	68.00	37
初等数学研究(Ⅱ)(上、下)	2009—05	118.00	46,47
中国初等数学研究　2009 卷(第 1 辑)	2009—05	20.00	45
中国初等数学研究　2010 卷(第 2 辑)	2010—05	30.00	68
中国初等数学研究　2011 卷(第 3 辑)	2011—07	60.00	127
中国初等数学研究　2012 卷(第 4 辑)	2012—07	48.00	190
中国初等数学研究　2014 卷(第 5 辑)	2014—02	48.00	288
数阵及其应用	2012—02	28.00	164
绝对值方程—折边与组合图形的解析研究	2012—07	48.00	186
不等式的秘密(第一卷)	2012—02	28.00	154
不等式的秘密(第一卷)(第 2 版)	2014—02	38.00	286
不等式的秘密(第二卷)	2014—01	38.00	268

哈尔滨工业大学出版社刘培杰数学工作室已出版(即将出版)图书目录

书　　名	出版时间	定　价	编号
初等不等式的证明方法	2010－06	38.00	123
数学奥林匹克在中国	2014－06	98.00	344
数学奥林匹克问题集	2014－01	38.00	267
数学奥林匹克不等式散论	2010－06	38.00	124
数学奥林匹克不等式欣赏	2011－09	38.00	138
数学奥林匹克超级题库(初中卷上)	2010－01	58.00	66
数学奥林匹克不等式证明方法和技巧(上、下)	2011－08	158.00	134,135
近代拓扑学研究	2013－04	38.00	239
新编 640 个世界著名数学智力趣题	2014－01	88.00	242
500 个最新世界著名数学智力趣题	2008－06	48.00	3
400 个最新世界著名数学最值问题	2008－09	48.00	36
500 个世界著名数学征解问题	2009－06	48.00	52
400 个中国最佳初等数学征解老问题	2010－01	48.00	60
500 个俄罗斯数学经典老题	2011－01	28.00	81
1000 个国外中学物理好题	2012－04	48.00	174
300 个日本高考数学题	2012－05	38.00	142
500 个前苏联早期高考数学试题及解答	2012－05	28.00	185
546 个早期俄罗斯大学生数学竞赛题	2014－03	38.00	285
博弈论精粹	2008－03	58.00	30
数学 我爱你	2008－01	28.00	20
精神的圣徒　别样的人生——60 位中国数学家成长的历程	2008－09	48.00	39
数学史概论	2009－06	78.00	50
数学史概论(精装)	2013－03	158.00	272
斐波那契数列	2010－02	28.00	65
数学拼盘和斐波那契魔方	2010－07	38.00	72
斐波那契数列欣赏	2011－01	28.00	160
数学的创造	2011－02	48.00	85
数学中的美	2011－02	38.00	84
王连笑教你怎样学数学——高考选择题解题策略与客观题实用训练	2014－01	48.00	262
最新全国及各省市高考数学试卷解法研究及点拨评析	2009－02	38.00	41
高考数学的理论与实践	2009－08	38.00	53
中考数学专题总复习	2007－04	28.00	6
向量法巧解数学高考题	2009－08	28.00	54
高考数学核心题型解题方法与技巧	2010－01	28.00	86
高考思维新平台	2014－03	38.00	259
数学解题——靠数学思想给力(上)	2011－07	38.00	131
数学解题——靠数学思想给力(中)	2011－07	48.00	132
数学解题——靠数学思想给力(下)	2011－07	38.00	133
我怎样解题	2013－01	48.00	227
和高中生漫谈:数学与哲学的故事	2014－08	28.00	369

哈尔滨工业大学出版社刘培杰数学工作室已出版(即将出版)图书目录

书　　名	出版时间	定　价	编号
2011年全国及各省市高考数学试题审题要津与解法研究	2011－10	48.00	139
2013年全国及各省市高考数学试题解析与点评	2014－01	48.00	282
新课标高考数学——五年试题分章详解(2007～2011)(上、下)	2011－10	78.00	140,141
30分钟拿下高考数学选择题、填空题	2012－01	48.00	146
全国中考数学压轴题审题要津与解法研究	2013－04	78.00	248
新编全国及各省市中考数学压轴题审题要津与解法研究	2014－05	58.00	342
高考数学压轴题解题诀窍(上)	2012－02	78.00	166
高考数学压轴题解题诀窍(下)	2012－03	28.00	167

书　　名	出版时间	定　价	编号
格点和面积	2012－07	18.00	191
射影几何趣谈	2012－04	28.00	175
斯潘纳尔引理——从一道加拿大数学奥林匹克试题谈起	2014－01	18.00	228
李普希兹条件——从几道近年高考数学试题谈起	2012－10	18.00	221
拉格朗日中值定理——从一道北京高考试题的解法谈起	2012－10	18.00	197
闵科夫斯基定理——从一道清华大学自主招生试题谈起	2014－01	28.00	198
哈尔测度——从一道冬令营试题的背景谈起	2012－08	28.00	202
切比雪夫逼近问题——从一道中国台北数学奥林匹克试题谈起	2013－04	38.00	238
伯恩斯坦多项式与贝齐尔曲面——从一道全国高中数学联赛试题谈起	2013－03	38.00	236
卡塔兰猜想——从一道普特南竞赛试题谈起	2013－06	18.00	256
麦卡锡函数和阿克曼函数——从一道前南斯拉夫数学奥林匹克试题谈起	2012－08	18.00	201
贝蒂定理与拉姆贝克莫斯尔定理——从一个拣石子游戏谈起	2012－08	18.00	217
皮亚诺曲线和豪斯道夫分球定理——从无限集谈起	2012－08	18.00	211
平面凸图形与凸多面体	2012－10	28.00	218
斯坦因豪斯问题——从一道二十五省市自治区中学数学竞赛试题谈起	2012－07	18.00	196
纽结理论中的亚历山大多项式与琼斯多项式——从一道北京市高一数学竞赛试题谈起	2012－07	28.00	195
原则与策略——从波利亚"解题表"谈起	2013－04	38.00	244
转化与化归——从三大尺规作图不能问题谈起	2012－08	28.00	214
代数几何中的贝祖定理(第一版)——从一道IMO试题的解法谈起	2013－08	38.00	193
成功连贯理论与约当块理论——从一道比利时数学竞赛试题谈起	2012－04	18.00	180
磨光变换与范·德·瓦尔登猜想——从一道环球城市竞赛试题谈起	即将出版		
素数判定与大数分解	2014－08	18.00	199
置换多项式及其应用	2012－10	18.00	220
椭圆函数与模函数——从一道美国加州大学洛杉矶分校(UCLA)博士资格考题谈起	2012－10	38.00	219
差分方程的拉格朗日方法——从一道2011年全国高考理科试题的解法谈起	2012－08	28.00	200

哈尔滨工业大学出版社刘培杰数学工作室已出版(即将出版)图书目录

书　名	出版时间	定　价	编号
力学在几何中的一些应用	2013－01	38.00	240
高斯散度定理、斯托克斯定理和平面格林定理——从一道国际大学生数学竞赛试题谈起	即将出版		
康托洛维奇不等式——从一道全国高中联赛试题谈起	2013－03	28.00	337
西格尔引理——从一道第18届IMO试题的解法谈起	即将出版		
罗斯定理——从一道前苏联数学竞赛试题谈起	即将出版		
拉克斯定理和阿廷定理——从一道IMO试题的解法谈起	2014－01	58.00	246
毕卡大定理——从一道美国大学数学竞赛试题谈起	2014－07	18.00	350
贝齐尔曲线——从一道全国高中联赛试题谈起	即将出版		
拉格朗日乘子定理——从一道2005年全国高中联赛试题谈起	即将出版		
雅可比定理——从一道日本数学奥林匹克试题谈起	2013－04	48.00	249
李天岩－约克定理——从一道波兰数学竞赛试题谈起	2014－06	28.00	349
整系数多项式因式分解的一般方法——从克朗耐克算法谈起	即将出版		
布劳维不动点定理——从一道前苏联数学奥林匹克试题谈起	2014－01	38.00	273
压缩不动点定理——从一道高考数学试题的解法谈起	即将出版		
伯恩赛德定理——从一道英国数学奥林匹克试题谈起	即将出版		
布查特－莫斯特定理——从一道上海市初中竞赛试题谈起	即将出版		
数论中的同余数问题——从一道普特南竞赛试题谈起	即将出版		
范·德蒙行列式——从一道美国数学奥林匹克试题谈起	即将出版		
中国剩余定理——从一道美国数学奥林匹克试题的解法谈起	即将出版		
牛顿程序与方程求根——从一道全国高考试题解法谈起	即将出版		
库默尔定理——从一道IMO预选试题谈起	即将出版		
卢丁定理——从一道冬令营试题的解法谈起	即将出版		
沃斯滕霍姆定理——从一道IMO预选试题谈起	即将出版		
卡尔松不等式——从一道莫斯科数学奥林匹克试题谈起	即将出版		
信息论中的香农熵——从一道近年高考压轴题谈起	即将出版		
约当不等式——从一道希望杯竞赛试题谈起	即将出版		
拉比诺维奇定理	即将出版		
刘维尔定理——从一道《美国数学月刊》征解问题的解法谈起	即将出版		
卡塔兰恒等式与级数求和——从一道IMO试题的解法谈起	即将出版		
勒让德猜想与素数分布——从一道爱尔兰竞赛试题谈起	即将出版		
天平称重与信息论——从一道基辅市数学奥林匹克试题谈起	即将出版		

哈尔滨工业大学出版社刘培杰数学工作室已出版(即将出版)图书目录

书　名	出版时间	定　价	编号
哈密尔顿一凯莱定理:从一道高中数学联赛试题的解法谈起	2014-09	18.00	376
艾思特曼定理——从一道 CMO 试题的解法谈起	即将出版		
一个爱尔特希问题——从一道西德数学奥林匹克试题谈起	即将出版		
有限群中的爱丁格尔问题——从一道北京市初中二年级数学竞赛试题谈起	即将出版		
贝克码与编码理论——从一道全国高中联赛试题谈起	即将出版		
帕斯卡三角形	2014-03	18.00	294
蒲丰投针问题——从 2009 年清华大学的一道自主招生试题谈起	2014-01	38.00	295
斯图姆定理——从一道"华约"自主招生试题的解法谈起	2014-01	18.00	296
许瓦兹引理——从一道加利福尼亚大学伯克利分校数学系博士生试题谈起	2014-08	18.00	297
拉格朗日中值定理——从一道北京高考试题的解法谈起	2014-01		298
拉姆塞定理——从王诗宬院士的一个问题谈起	2014-01		299
坐标法	2013-12	28.00	332
数论三角形	2014-04	38.00	341
毕克定理	2014-07	18.00	352
数林掠影	2014-09	48.00	389
我们周围的概率	2014-10	38.00	390
凸函数最值定理:从一道华约自主招生题的解法谈起	2014-10	28.00	391
易学与数学奥林匹克	2014-10	38.00	392
中等数学英语阅读文选	2006-12	38.00	13
统计学专业英语	2007-03	28.00	16
统计学专业英语(第二版)	2012-07	48.00	176
幻方和魔方(第一卷)	2012-05	68.00	173
尘封的经典——初等数学经典文献选读(第一卷)	2012-07	48.00	205
尘封的经典——初等数学经典文献选读(第二卷)	2012-07	38.00	206
实变函数论	2012-06	78.00	181
非光滑优化及其变分分析	2014-01	48.00	230
疏散的马尔科夫链	2014-01	58.00	266
初等微分拓扑学	2012-07	18.00	182
方程式论	2011-03	38.00	105
初级方程式论	2011-03	28.00	106
Galois 理论	2011-03	18.00	107
古典数学难题与伽罗瓦理论	2012-11	58.00	223
伽罗华与群论	2014-01	28.00	290
代数方程的根式解及伽罗瓦理论	2011-03	28.00	108
线性偏微分方程讲义	2011-03	18.00	110
N 体问题的周期解	2011-03	28.00	111
代数方程式论	2011-05	18.00	121
动力系统的不变量与函数方程	2011-07	48.00	137
基于短语评价的翻译知识获取	2012-02	48.00	168
应用随机过程	2012-04	48.00	187
概率论导引	2012-04	18.00	179

哈尔滨工业大学出版社刘培杰数学工作室已出版(即将出版)图书目录

书　名	出版时间	定　价	编号
矩阵论(上)	2013-06	58.00	250
矩阵论(下)	2013-06	48.00	251
趣味初等方程妙题集锦	2014-09	48.00	388
对称锥互补问题的内点法:理论分析与算法实现	2014-08	68.00	368
抽象代数:方法导引	2013-06	38.00	257
闵嗣鹤文集	2011-03	98.00	102
吴从炘数学活动三十年(1951~1980)	2010-07	99.00	32
吴振奎高等数学解题真经(概率统计卷)	2012-01	38.00	149
吴振奎高等数学解题真经(微积分卷)	2012-01	68.00	150
吴振奎高等数学解题真经(线性代数卷)	2012-01	58.00	151
高等数学解题全攻略(上卷)	2013-06	58.00	252
高等数学解题全攻略(下卷)	2013-06	58.00	253
高等数学复习纲要	2014-01	18.00	384
钱昌本教你快乐学数学(上)	2011-12	48.00	155
钱昌本教你快乐学数学(下)	2012-03	58.00	171
数贝偶拾——高考数学题研究	2014-04	28.00	274
数贝偶拾——初等数学研究	2014-04	38.00	275
数贝偶拾——奥数题研究	2014-04	48.00	276
集合、函数与方程	2014-01	28.00	300
数列与不等式	2014-01	38.00	301
三角与平面向量	2014-01	28.00	302
平面解析几何	2014-01	38.00	303
立体几何与组合	2014-01	28.00	304
极限与导数、数学归纳法	2014-01	38.00	305
趣味数学	2014-03	28.00	306
教材教法	2014-04	68.00	307
自主招生	2014-05	58.00	308
高考压轴题(上)	即将出版		309
高考压轴题(下)	2014-10	68.00	310
从费马到怀尔斯——费马大定理的历史	2013-10	198.00	Ⅰ
从庞加莱到佩雷尔曼——庞加莱猜想的历史	2013-10	298.00	Ⅱ
从切比雪夫到爱尔特希(上)——素数定理的初等证明	2013-07	48.00	Ⅲ
从切比雪夫到爱尔特希(下)——素数定理100年	2012-12	98.00	Ⅲ
从高斯到盖尔方特——虚二次域的高斯猜想	2013-10	198.00	Ⅳ
从库默尔到朗兰兹——朗兰兹猜想的历史	2014-01	98.00	Ⅴ
从比勃巴赫到德布朗斯——比勃巴赫猜想的历史	2014-02	298.00	Ⅵ
从麦比乌斯到陈省身——麦比乌斯变换与麦比乌斯带	2014-02	298.00	Ⅶ
从布尔到豪斯道夫——布尔方程与格论漫谈	2013-10	198.00	Ⅷ
从开普勒到阿诺德——三体问题的历史	2014-05	298.00	Ⅸ
从华林到华罗庚——华林问题的历史	2013-10	298.00	Ⅹ

哈尔滨工业大学出版社刘培杰数学工作室已出版(即将出版)图书目录

书　　名	出版时间	定　价	编号
三角函数	2014－01	38.00	311
不等式	2014－01	28.00	312
方程	2014－01	28.00	314
数列	2014－01	38.00	313
排列和组合	2014－01	28.00	315
极限与导数	2014－01	28.00	316
向量	2014－09	38.00	317
复数及其应用	2014－08	28.00	318
函数	2014－01	38.00	319
集合	即将出版		320
直线与平面	2014－01	28.00	321
立体几何	2014－04	28.00	322
解三角形	即将出版		323
直线与圆	2014－01	28.00	324
圆锥曲线	2014－01	38.00	325
解题通法(一)	2014－07	38.00	326
解题通法(二)	2014－07	38.00	327
解题通法(三)	2014－05	38.00	328
概率与统计	2014－01	28.00	329
信息迁移与算法	即将出版		330
第19～23届“希望杯”全国数学邀请赛试题审题要津详细评注(初一版)	2014－03	28.00	333
第19～23届“希望杯”全国数学邀请赛试题审题要津详细评注(初二、初三版)	2014－03	38.00	334
第19～23届“希望杯”全国数学邀请赛试题审题要津详细评注(高一版)	2014－03	28.00	335
第19～23届“希望杯”全国数学邀请赛试题审题要津详细评注(高二版)	2014－03	38.00	336
物理奥林匹克竞赛大题典——力学卷	即将出版		
物理奥林匹克竞赛大题典——热学卷	2014－04	28.00	339
物理奥林匹克竞赛大题典——电磁学卷	即将出版		
物理奥林匹克竞赛大题典——光学与近代物理卷	2014－06	28.00	345

哈尔滨工业大学出版社刘培杰数学工作室已出版(即将出版)图书目录

哈尔滨工业大学出版社刘培杰数学工作室
已出版(即将出版)图书目录

书　　名	出版时间	定　价	编号
新课标高考数学创新题解题诀窍:总论	2014－09	28.00	372
新课标高考数学创新题解题诀窍:必修1～5分册	2014－08	38.00	373
新课标高考数学创新题解题诀窍:选修2－1,2－2,1－1,1－2分册	2014－09	38.00	374
新课标高考数学创新题解题诀窍:选修2－3,4－4,4－5分册	2014－09	18.00	375

联系地址:哈尔滨市南岗区复华四道街10号　哈尔滨工业大学出版社刘培杰数学工作室

网　　址:http://lpj.hit.edu.cn/

邮　　编:150006

联系电话:0451－86281378　　13904613167

E-mail:lpj1378@163.com